高职高专校企合作教材

制药设备电气控制技术

张洪运 主编 程义民 副主编

化学工业出版社

·北京·

内容简介

本书以能力培养为目标，突出理论与实践相结合，采用项目式、任务引领的模式进行编写。书中以基本控制电路分析装配、西门子小型PLC应用和常用制药设备电气控制系统为主要研究对象，由浅入深，共设计了六大项目。根据制药企业岗位技能要求，重点讲述了三相异步电动机、常用低压电器、基本控制电路、 PLC技术、变频器技术、触摸屏应用和常用制药设备电气控制系统等基本内容。

本书适合作为职业院校制药类专业相关课程的教材，也可作为相关技术岗位的培训教材，可为企业技术人员提供电气技术支持。

图书在版编目（CIP）数据

制药设备电气控制技术/张洪运主编；程义民副主编．—北京：化学工业出版社，2022.9 （2024.7重印）

ISBN 978-7-122-41503-5

Ⅰ．①制… Ⅱ．①张…②程… Ⅲ．①制剂机械-电气控制-职业教育-教材 Ⅳ．①TQ460.5

中国版本图书馆CIP数据核字（2022）第086179号

责任编辑：王　芳　蔡洪伟　　文字编辑：陈立璞
责任校对：赵懿桐　　装帧设计：关　飞

出版发行：化学工业出版社
（北京市东城区青年湖南街13号　邮政编码100011）
印　　装：河北延风印务有限公司
787mm×1092mm　1/16　印张 11¾　字数294千字
2024年7月北京第1版第2次印刷

购书咨询：010-64518888　　售后服务：010-64518899
网　　址：http://www.cip.com.cn
凡购买本书，如有缺损质量问题，本社销售中心负责调换。

定　　价：33.00元

编写人员名单

主　编　张洪运

副主编　程义民

参　编（以姓氏笔画为序）

孙　杰（山东药品食品职业学院）

孙新喆（华能威海发电有限责任公司）

闫华斌（山东齐都药业有限公司）

邹田甜（山东药品食品职业学院）

甄　珍（山东药品食品职业学院）

前言

当前，制药企业自动化程度越来越高，以可编程逻辑控制器（PLC）、触摸屏、变频器、各种电动机为主体的电气控制系统广泛地应用到了制药生产的各类设备中。从设备操作、维修维护到工艺改进等各岗位的技能方面，均要求生产人员具备基本的电气技术应用技能。而目前，针对制药类专业出版的电气控制技术教材很少。为了适应现代制药企业对技术人员电气控制方面能力的需求，我们把电气控制技术与常见制药设备相结合，编写了这本适合高职高专院校制药类专业使用的教材。

本书以学生为中心、学习成果为导向、促进自主学习为思路进行开发设计；以能力培养为目标，以制药企业岗位技能要求为导向，重点讲述了三相异步电动机、常用低压电器、基本控制电路、 PLC 技术、变频器技术、触摸屏应用和常用制药设备电气控制系统等内容；并将以德树人、思想政治内容有机融合到教材中；是制药类专业项目化教学的特色教材。本书由校企编写人员紧密合作编写而成，内容充分表现了高职高专以实践教学为主、注重培养实践能力、力求接近生产实际的教学特点，并体现了教学内容的实用性和先进性。

本书由山东药品食品职业学院张洪运任主编，程义民任副主编。张洪运负责全书的编写大纲制定及统稿工作，并与孙新喆共同编写了项目一和项目五；程义民编写了项目二；孙杰和闫华斌编写了项目三和项目四；邹田甜和甄珍编写了项目六。

本书在编写过程中得到了山东齐都药业有限公司、山东威高集团有限公司等多家企业技术人员的大力支持，并得到了许多同事的鼎力相助，在此，编者谨向他们表示诚挚的谢意。由于编者水平有限，书中难免有疏漏之处，恳请读者批评指正。

编者

2022 年 1 月

目录

项目一
三相异步电动机的认知

项目导读

我们在制药压片机安装或维修后对其进行调试时，需要观察电动机是否能够带动转盘顺时针旋转。如果旋转方向为逆时针，对调给电动机供电的任意两根火线，转盘的旋转方向就会变为顺时针了。

为什么对调给电动机供电的任意两根火线，转盘的旋转方向就会改变呢？这就需要我们去学习电动机的相关知识了。

电动机的作用是将电能转换为机械能，现代各种生产机械和医疗设备都广泛应用了电动机来驱动。三相异步电动机具有结构简单、坚固耐用、运行可靠、效率较高、使用和维护方便等一系列优点，它是工业生产中使用最多的一种电动机。本项目主要讲述三相异步电动机的基本结构、工作原理、机械特性和控制方法，其他种类的电动机读者可以查阅资料进行自学。

学习目标

1. 掌握三相异步电动机的结构、工作原理及其启动、反转、制动和调速的方法。

2. 了解三相异步电动机的铭牌数据及其电磁转矩与机械特性。

项目实施

本项目共有两项任务，通过两项任务的完成，达到熟练应用三相异步电动机的目标。

任务一
三相异步电动机的结构和工作原理的认知

工作任务

掌握三相异步电动机的结构、工作原理、电磁转矩与机械特性。

任务目标

1. 了解电动机的种类及用途。
2. 掌握三相异步电动机的结构、工作原理、电磁转矩与机械特性。

任务实施

电动机的作用是将电能转换为机械能，现代各种生产机械和医疗设备都广泛应用了电动机来驱动。

电动机可以分为直流电动机和交流电动机两大类。交流电动机分为异步电动机和同步电动机，异步电动机又分为单相异步电动机和三相异步电动机。

直流电动机具有调速性能好、启动容易等优点，但其结构比较复杂、成本较高、可靠性稍差。直流电动机在传统工业中的重要地位正逐步被交流电动机取代。

异步电动机具有结构简单，制造、使用和维护方便，运行可靠等优点，广泛用于驱动机床、矿山机械、家用电器和医疗设备等。本任务只介绍制药企业中常用的三相异步电动机，其他电动机读者可查阅资料进行自学。

一、结构

三相异步电动机由定子和转子构成，固定部分称为定子，旋转部分称为转子，如图 1-1 所

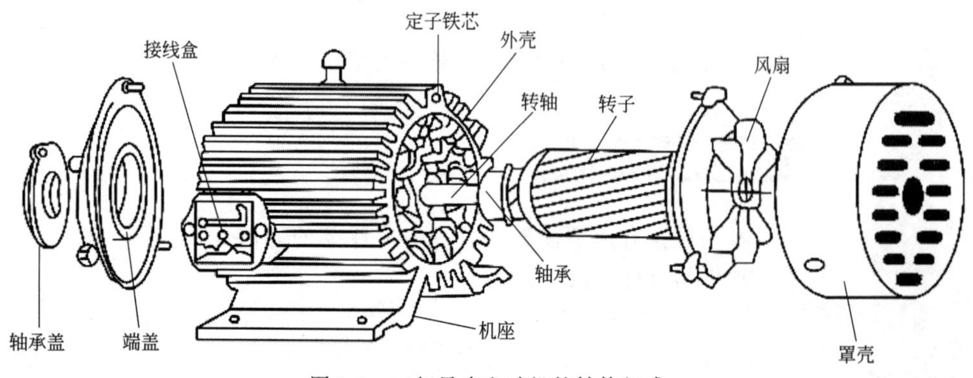

图 1-1 三相异步电动机的结构组成

示。定子和转子都由铁芯和绕组组成，如图 1-2、图 1-3 所示。定子三相绕组为 U1U2、V1V2、W1W2，其作用是产生旋转磁场，如图 1-4 所示。转子分为笼式和绕线式两种结构。笼式转子绕组有铜条和铸铝两种形式。绕线式转子绕组的形式与定子绕组基本相同，3 个绕组的末端连接在一起构成星形连接，3 个始端连接在 3 个铜集电环上，启动变阻器和调速变阻器通过电刷与集电环和转子绕组连接。转子的作用是在旋转磁场作用下，产生感应电动势或电流。

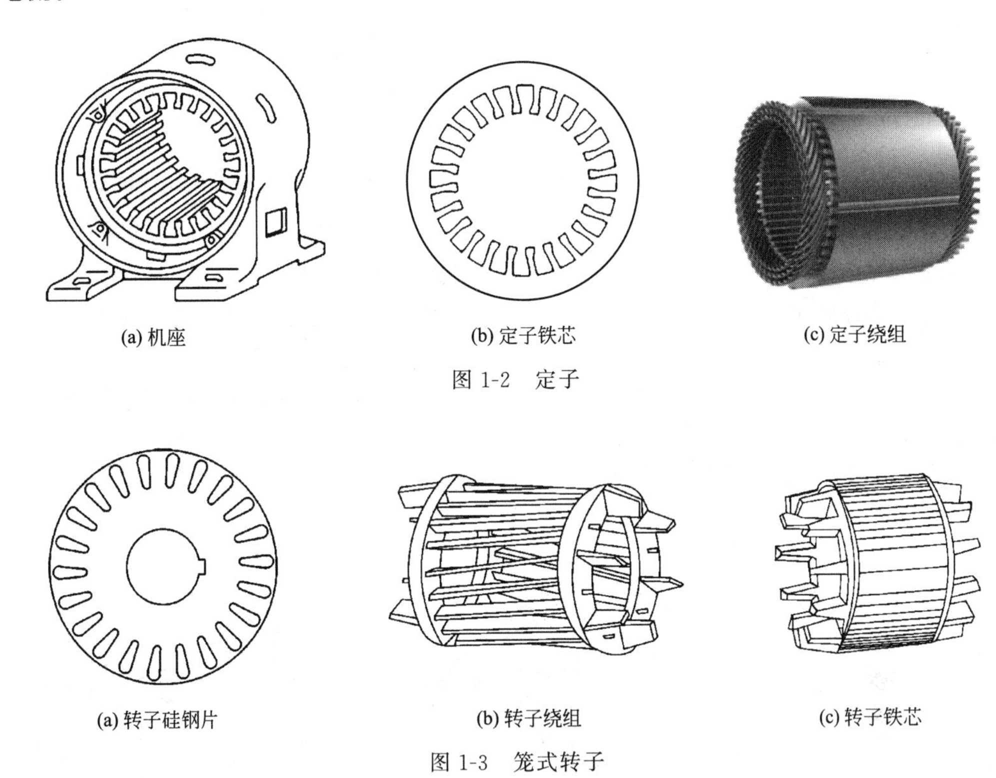

(a) 机座　(b) 定子铁芯　(c) 定子绕组

图 1-2　定子

(a) 转子硅钢片　(b) 转子绕组　(c) 转子铁芯

图 1-3　笼式转子

二、工作原理

1. 定子绕组的工作原理

（1）旋转磁场的产生

把三相定子绕组连接成星形接到对称三相电源，定子绕组中便有对称三相电流流过，如图 1-5 所示。

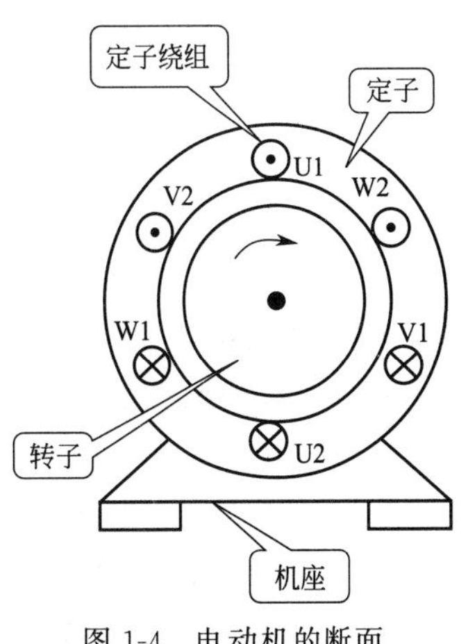

图 1-4　电动机的断面结构示意图

三相绕组中的电流瞬时值表达式为

$$i_U = \sqrt{2} I \sin\omega t$$

$$i_V = \sqrt{2} I \sin(\omega t - 120°)$$

$$i_W = \sqrt{2} I \sin(\omega t + 120°)$$

式中，i_U、i_V、i_W 分别为给电动机供电的三条火线的线电流；I 为每条火线中的电流有效值；ω 为供电电源的角频率。

三相绕组中的电流波形如图 1-6 所示。

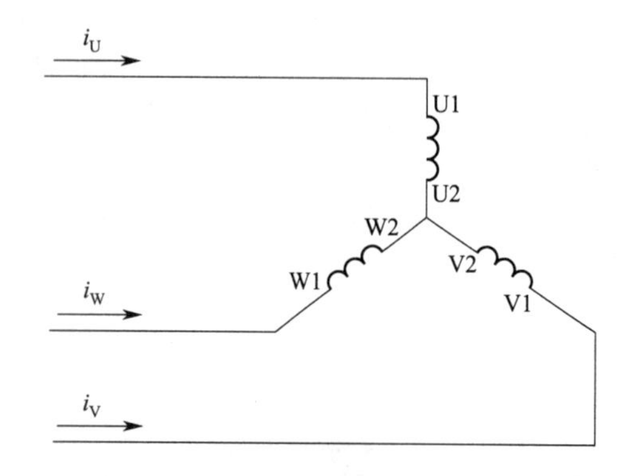

图 1-5 电动机绕组星形接法形成的电流示意图

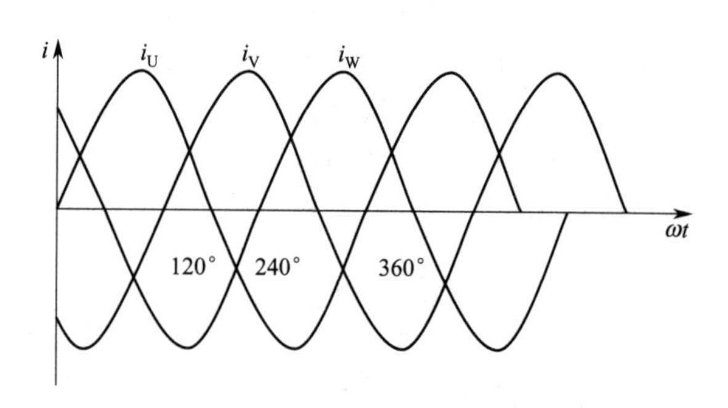

图 1-6 三相绕组中的电流波形图

当 $\omega t=0$ 时，由三相电流的表达式可知：$i_U=0$；i_V 为负值，电流从 V2 流入，V1 流出；i_W 为正值，电流从 W1 流入，W2 流出。电流流入端用“⊗”表示，流出端用“⊙”表示，利用右手螺旋定则，可以确定当 $\omega t=0$ 时，由三相电流合成的磁场方向如图 1-7(a) 所示。

当 $\omega t=120°$时，i_U 为正，i_W 为负，$i_V=0$，合成磁场方向如图 1-7(b) 所示。可见，合成磁场轴线相对于 $\omega t=0$ 的瞬间，顺时针旋转了 120°。

当 $\omega t=240°$时，合成磁场如图 1-7(c) 所示。其轴线相对于 $\omega t=0$ 时，在空间转过了 240°。

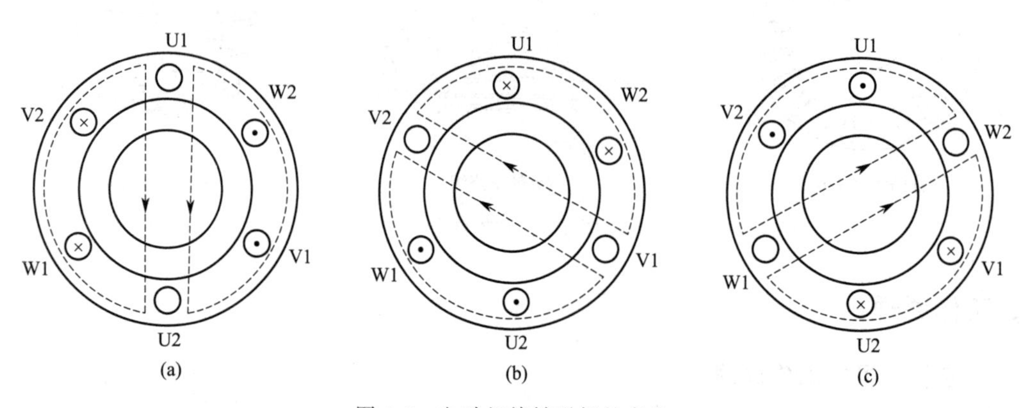

图 1-7 电动机旋转磁场的产生

由上述分析得出，当三相定子绕组通入三相对称电流后，它们共同产生的合成磁场是随电流的交变而在空间不断地旋转着的，这就是旋转磁场。旋转磁场同磁极在空间旋转所起的作用是一样的。

(2) 旋转磁场的转向

由图 1-6 可以看出，三相交流电的变化次序为正相序，即 U 相达到最大值→V 相达到最大值→W 相达到最大值→U 相达到最大值，则产生的旋转磁场的旋转方向也为 U 相→V 相→W 相→U 相，即与电流的相序一致。如果我们调换电动机三相绕组中任意两根连接电源的导线，则磁场的旋转方向就反向。

(3) 旋转磁场的极数

三相异步电动机的极数就是旋转磁场的磁极数目。旋转磁场的极数和三相绕组的结构有关。在图 1-7 中，每相绕组只有一个线圈，绕组在始末端之间相差 120°空间角，则产生的旋转磁场具有一对磁极，即 $p=1$（p 是磁极对数）。

如果定子绕组每相绕组有两个线圈相串联，绕组的始末端相差 60°空间角，则产生的旋转磁场具有两对磁极，即 $p=2$。

同理，若要产生三对磁极，即 $p=3$ 的旋转磁场，则每相绕组必须有均匀安排在空间的三个线圈串联，绕组的始末端之间相差 40°（即 120°/p）空间角。

（4）旋转磁场的转速

旋转磁场的转速与磁极对数有关。在一对磁极的情况下，由图 1-7 可见，当电流从 $\omega t=0$ 变化到 $\omega t=120°$ 经历了 120°相位角时，磁场在空间转动了 120°空间角。在旋转磁场具有 1 对磁极的情况下，当电流交变一周时，磁场恰好在空间旋转了一转。设电流频率为 f_1，即电流每秒钟交变 f_1 次，或每分钟交变 $60f_1$ 次，则旋转磁场的转速 $n_0=60f_1$，单位为转/分（r/min）。

在旋转磁场具有两对磁极的情况下，当电流从 $\omega t=0$ 变化到 $\omega t=120°$ 时，电流经历了 120°相位角，磁场在空间转了 60°空间角，即当电流交变了一次时，磁场旋转了半转，是 $p=1$ 情况的 $\frac{1}{2}$，即 $n_0=\frac{60f_1}{2}$。

同理，在三对磁极的情况下，电流交变一次，磁极在空间只旋转三分之一转，是 $p=1$ 情况的 $\frac{1}{3}$，即 $n_0=\frac{60f_1}{3}$。

由以上可推知，当旋转磁场具有 p 对磁极时，磁场的转速（也称为同步转速）为

$$n_0=\frac{60f_1}{p} \tag{1-1}$$

由此可见，旋转磁场的转速 n_0 取决于电流的频率 f_1 和磁场的磁极对数 p。

所以可得出如下结论：

① 在对称的三相绕组中通入三相电流，可以产生在空间旋转的合成磁场。

② 磁场旋转方向与电流相序一致。电流相序为 U—V—W 时，磁场顺时针方向旋转；电流相序为 U—W—V 时，磁场逆时针方向旋转。

③ 磁场转速（同步转速）与电流频率有关，改变电流频率可以改变磁场转速。同时同步转速 n_0 还与磁场磁极对数 p 有关。

2. 转动原理

静止的转子与旋转磁场之间有相对运动，在转子导体中产生感应电动势，并在形成闭合回路的转子导体中产生感应电流，其方向用右手定则判定。转子电流在旋转磁场中受到磁场力 F 的作用，F 的方向用左手定则判定。电磁力在转轴上形成电磁转矩，电磁转矩的方向与旋转磁场的方向一致。

电动机正常运转时，其转子的转速 n 总是稍低于同步转速 n_0，因而称为异步电动机。又因为产生电磁转矩的电流是电磁感应产生的，所以也称为感应电动机。

（1）转子电动势和转子电流

定子绕组通入电流后，产生了旋转磁场，与转子绕组间产生相对运动；由于转子电路是闭合的，因此产生了转子电流。根据左手定则可知，在转子绕组上产生了电磁力。

（2）电磁转矩和转子旋转方向

电磁力分布在转子两侧，对转轴形成一个电磁转矩 T，电磁转矩的作用方向与电磁力的方向相同，因此转子顺着旋转磁场的旋转方向转动起来，如图 1-8 所示。

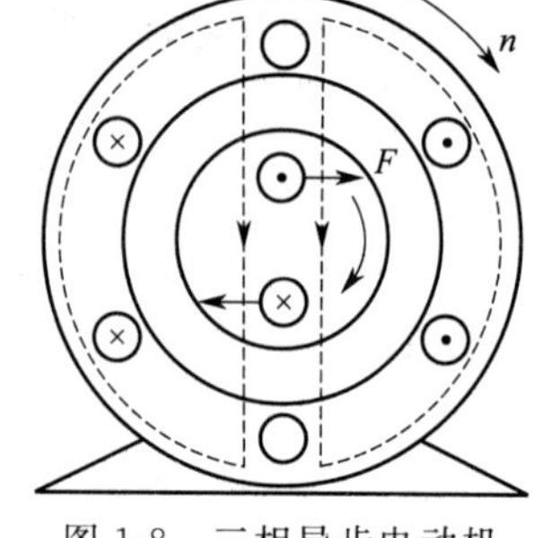

图 1-8　三相异步电动机的转动原理

（3）转差率

转差率用来表示三相异步电动机的转子转速 n 与旋转磁场转速 n_0 之间的差别程度。

同步转速和转子转速的差值与同步转速之比称为转差率，用 s 表示，即

$$s=\frac{n_0-n}{n_0} \tag{1-2}$$

转子转速 n 与旋转磁场的转速 n_0 的方向一致，但不能相等（应保持一定的转差）。转差率是三相异步电动机的一个重要物理量。在转子启动瞬间，$n=0$，$s=1$；当理想空载时，$n=n_0$，$s=0$。所以三相异步电动机额定运行时的转差率在 0～1 之间，即 $0<s<1$。通常三相异步电动机的额定转差率在 1%～6%之间。

（4）异步电动机带负载运行

轴上加机械负载，轴阻力增加，转速下降，转子与旋转磁场的相对切割速度变大，转子感应电流增大，输入电流增大。

例题 1　有一台 4 极感应电动机，电压频率为 50Hz，转速为 1440 r/min，试求这台感应电动机的转差率。

解：因为磁极对数 $p=2$，所以同步转速为

$$n_0=\frac{60f_1}{p}=\frac{60\times 50}{2}=1500(\text{r/min})$$

转差率为

$$s=\frac{n_0-n}{n_0}\times 100\%=\frac{1500-1440}{1500}\times 100\%=4\%$$

三、电磁转矩与机械特性

1. 旋转磁场对定子绕组的作用

在三相异步电动机的三相定子绕组中通入三相交流电后，即产生旋转磁场。一般而言，旋转磁场按正弦规律变化，即

$$\Phi=\Phi_m\sin\omega t \tag{1-3}$$

式中，Φ 为旋转磁场的磁通量；Φ_m 为旋转磁场的最大磁通量。

旋转磁场以同步转速 $n_0=\dfrac{60f_1}{p}$旋转，而定子绕组不动，因此定子绕组切割旋转磁场产生的感应电动势的频率与电源频率一样，定子绕组相当于变压器的原边绕组，产生的感应电动势为

$$E_1=4.44K_1f_1N_1\Phi_m \tag{1-4}$$

式中，K_1 为绕组系数；N_1 为定子每相绕组的串联匝数。由于定子绕组本身的阻抗压

降要比电源电压小得多，因此可以近似认为电源电压 U_1 与感应电动势 E_1 相等，即

$$U_1 \approx E_1 = 4.44K_1 f_1 N_1 \Phi_m \tag{1-5}$$

2. 旋转磁场对转子的作用

（1）转子电路中的频率

转子旋转后，因为旋转磁场和转子的相对转速为 n_0-n，所以转子频率

$$f_2 = \frac{p(n_0-n)}{60} = \frac{n_0-n}{n_0} \times \frac{pn_0}{60} = sf_1 \tag{1-6}$$

可见，转子的频率 f_2 与转差率 s 有关，也与转子转速 n 有关。

当转子不动时，$n=0$，$s=1$，则 $f_2=f_1$。

当转子在额定负载时，$s=1\%\sim6\%$，则 $f_2=0.5\sim3.0\text{Hz}$（$f_1=50\text{Hz}$）。

（2）转子绕组感应电动势 E_2 的大小

$$E_2 = 4.44K_2 f_2 N_2 \Phi_m = 4.44K_2 s f_1 N_2 \Phi_m \tag{1-7}$$

当转子不动，即 $n=0$，$s=1$ 时，转子电动势为

$$E_{20} = 4.44K_2 f_1 N_2 \Phi_m$$

此时，转子的感应电动势最大。

当转子转动时

$$E_2 = sE_{20}$$

可见，转子电动势 E_2 与转差率 s 有关。

（3）转子的感抗和阻抗

转子电路的感抗与转子频率 f_2 有关，感抗 x_2 为

$$x_2 = 2\pi f_2 L_2 = 2\pi s f_1 L_2 \tag{1-8}$$

式中，L_2 为转子绕组的电感系数。当转子不动时，$s=1$，则 $x_{20}=2\pi f_1 L_2$，此时感抗最大。在正常运行时，感抗为

$$x_2 = sx_{20}$$

所以转子的阻抗 z_2 为

$$z_2 = \sqrt{R_2^2 + x_2^2} = \sqrt{R_2^2 + (sx_{20})^2}$$

由以上分析可知，转子的感抗和阻抗都与 s 有关。

转子每相绕组的电流 I_2 为

$$I_2 = \frac{E_2}{z_2} = \frac{sE_{20}}{\sqrt{R_2^2 + (sx_{20})^2}}$$

转子电路的功率因数 $\cos\varphi_2$ 为

$$\cos\varphi_2 = \frac{R_2}{z_2} = \frac{R_2}{\sqrt{R_2^2 + (sx_{20})^2}}$$

可见，转子的电流和功率因数也与 s 有关。

由上述分析可知，转子电路的各个物理量，如电动势、电流、频率、感抗及功率因数等都与转差率 s 有关，即与转子的转速 n 有关。

3. 电磁转矩

电动机稳定运行时，电磁转矩 T 和负载转矩 T_L 必须平衡，即

$$T = T_L$$

而负载转矩 T_L 为机械负载转矩 T_2 和空载转矩 T_0 之和，即

$$T_L = T_2 + T_0$$

且空载转矩很小，所以

$$T \approx T_2$$

输出机械功率 P_2 与 T_2 之间的关系为

$$T_2 = \frac{P_2}{\Omega} = \frac{P_2}{\frac{2\pi n}{60}} = 9550\,\frac{P_2}{n} \tag{1-9}$$

式中，Ω 为转轴的机械角速度。

从电学角度讲，电磁转矩的大小与旋转磁场的磁通量 Φ_m 及转子电流 I_2 有关，三相异步电动机的转子不仅有电阻 R_2，而且还有感抗 x_2 存在，所以转子电流和感应电动势 E_2 之间存在着相位差 φ_2，于是转子电流可分解为有功分量 $I_2\cos\varphi_2$ 和无功分量 $I_2\sin\varphi_2$ 两部分。由于电磁转矩是衡量电动机做功能力的一个物理量，因此只有转子电流的有功分量 $I_2\cos\varphi_2$ 才能与旋转磁场作用产生电磁转矩，故三相异步电动机的电磁转矩也可以表示为

$$T = G_T \Phi_m I_2 \cos\varphi_2$$

式中，G_T 为与电动机结构有关的常数。由上述分析可知，电磁转矩除与 Φ_m 成正比外，还与 $I_2\cos\varphi_2$ 有关。

由上述关系式可知

$$\Phi_m = \frac{E_1}{4.44K_1 f_1 N_1} \approx \frac{U_1}{4.44K_1 f_1 N_1} \propto U_1$$

$$I_2 = \frac{sE_{20}}{\sqrt{R_2^2 + (sx_{20})^2}} = \frac{s(4.44 f_1 N_2 \Phi_m)}{\sqrt{R_2^2 + (sx_{20})^2}}$$

$$\cos\varphi_2 = \frac{R_2}{\sqrt{R_2^2 + (sx_{20})^2}}$$

由此可得

$$T = K\,\frac{sR_2U_1^2}{R_2^2 + (sx_{20})^2} \tag{1-10}$$

式中，K 是一个常数。

由以上各式可以看出，电磁转矩 T 与定子每相电压 U_1 的平方成正比，故电源电压的波动对电磁转矩影响较大。此外，电磁转矩还受转子感抗 x_{20} 和电阻 R_2 的影响。

4. 机械特性

当电源电压 U_1、感抗 x_{20} 和电阻 R_2 为定值时，电磁转矩 T 仅随转差率 s 变化而变化，即 $T = f(s)$。

（1）三个特殊转矩

① 额定转矩 T_N。额定转矩是电动机在额定负载时的负载转矩。此时对应的转差率为额定转差率 s_N，电动机的转速为额定转速 n_N。当三相异步电动机的负载转矩为额定转矩，即 $T_2 = T_N$ 时，得

$$T_N = 9550\,\frac{P_N}{n_N} \tag{1-11}$$

例如某电动机（Y132M-4 型）的额定功率为 7.5kW，额定转速为 1400r/min，则其额

定转矩为

$$T_N=9550\frac{P_N}{n_N}=9550\times\frac{7.5}{1440}=49.7(\text{N}\cdot\text{m})$$

② 最大转矩 T_{max}。由公式(1-10) 对 s 求导，且令$\frac{dT}{ds}=0$，得

$$s_m=\frac{R_2}{x_{20}}$$

$$T_{max}=KU_1^2\frac{1}{2x_{20}}$$

式中，s_m 为电动机取得最大转矩时的转差率；T_{max} 为电动机产生的最大转矩；x_{20} 和 R_2 为电动机的转子感抗和电阻；K 为与电动机结构有关的常数；U_1 为供电电源电压。三相异步电动机的额定转矩 T_N 不能太接近最大转矩 T_{max}，否则由于电网电压 U_1 的降低有可能使电动机的最大转矩 T_{max} 小于电动机轴上所带的负载转矩，从而使电动机停转。因此，一般 T_N 要比 T_{max} 小很多，它们的比值称为过载系数 λ，即

$$\lambda=\frac{T_{max}}{T_N} \tag{1-12}$$

一般的电动机 λ 数值在 1.8～2.5 之间，特殊用途电动机的 λ 值可达 3.3～3.4。

（2）启动转矩 T_{st}

电动机刚启动（$n=0$，$s=1$）时的转矩称为启动转矩。将 $s=1$ 代入公式(1-10)，得

$$T_{st}=K\frac{R_2U_1^2}{R_2^2+x_{20}^2} \tag{1-13}$$

为使电动机能转动起来，启动转矩 T_{st} 必须大于额定转矩 T_N。通常用启动转矩与额定转矩的比值 T_{st}/T_N 来衡量其大小，称为启动能力，用 λ_s 表示。三相异步电动机的启动能力一般为 1.1～1.8。

学习成果评价

1. 简述三相异步电动机的结构组成。
2. 简述三相异步电动机的转动原理。

任务二
三相异步电动机的使用

工作任务 >>

掌握三相异步电动机的使用方法。

任务目标 >>

1. 掌握三相异步电动机启动、反转、制动和调速的方法。
2. 了解三相异步电动机的铭牌数据。

任务实施 >>

三相异步电动机的运行控制是指电动机启停、调速、反转及制动等过程。

一、启动

电动机的启动是指电动机从接入电网开始转动到正常运行的全过程。

三相异步电动机启动时的主要问题是启动电流较大。为减小启动电流，同时获得适当的启动转矩，必须采用合适的启动方法。三相异步电动机的启动方法中常用的有两种，即直接启动和降压启动。

1. 直接启动

所谓直接启动即是将电动机定子绕组直接接到额定电压的电网上来启动电动机，又叫全压启动。这种启动方法的主要优点是简单、方便、经济和启动时间短。它的主要缺点是启动电流对电网影响较大，影响其他负载的正常工作。

某台电动机能否正常启动，应视电网的容量（变压器的容量）、启动次数、电网允许干扰的程度及电动机的型式等许多因素而定。通常认为满足以下条件之一者可直接启动：

① 容量在 7.5kW 以下的三相异步电动机可直接启动。

② 电动机在启动瞬间造成的电网电压降不大于电网电压正常值的 10%，对于不经常启动的电动机可放宽到 15%。

③ 也可以用下面的经验公式来粗估电动机是否可直接启动。

$$\frac{I_{st}}{I_N} \leqslant \frac{3}{4} + \text{变压器容量(kV·A)}/4 \times \text{电动机功率(kW)}$$

若电动机的启动电流倍数（I_{st}/I_N）满足上式即可直接启动。

2. 降压启动

降压启动就是利用一定的电气专用设备，使电源电压降低后再通入电动机绕组中，以减小电动机启动电流的启动方法。笼式三相异步电动机的降压启动常用星形/三角形启动（Y-△换接启动）。

如果电动机在工作时其定子绕组是连接成三角形的，那么在启动时，可把它连成星形，等到转速接近额定值时再换接成三角形，如图1-9所示。

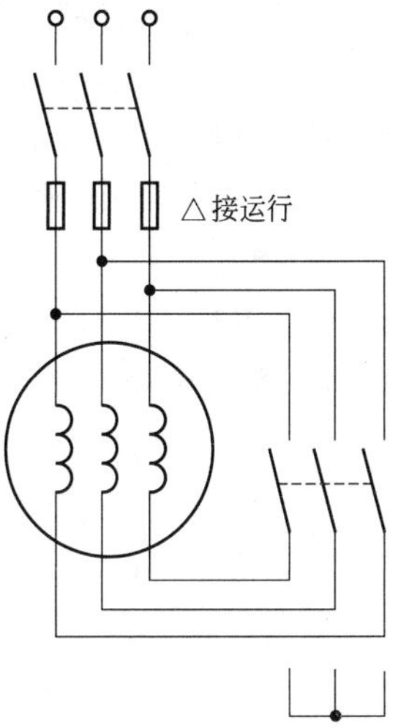

△接运行

Y接启动

图1-9　三相异步电动机的Y-△换接启动

设电源的线电压为U_1，电动机定子每相绕组的阻抗为z。当电动机的定子绕组接成星形启动时，每相绕组所加的电压为$\frac{U_1}{\sqrt{3}}$，启动线电流为

$$I_{LY}=I_{pY}=\frac{U_1/\sqrt{3}}{|z|}=\frac{U_1}{\sqrt{3}|z|}$$

如果电动机的定子绕组接成三角形启动，则每相绕组的电压为U_1，此时启动线电流为

$$I_{L\triangle}=\sqrt{3}I_{p\triangle}=\sqrt{3}\frac{U_1}{|z|}=\frac{\sqrt{3}U_1}{|z|}$$

两种连接方法的启动线电流比值为

$$\frac{I_{LY}}{I_{L\triangle}}=\frac{1}{3}$$

即采用此降压法时，启动线电流是工作线电流的1/3。

动转矩正比于电压的平方值，所以启动转矩

$$T_{stY}=K\left(\frac{U_1}{\sqrt{3}}\right)^2=\frac{1}{3}KU_1^2=\frac{1}{3}T_{st\triangle}$$

其适用范围：正常运行时定子绕组是三角形连接，且每相绕组都有两个引出端子的电动机。优点是启动电流为全压启动时的1/3，缺点是启动转矩为全压启动时的1/3。

二、调速

调速就是用人为的方法改变三相异步电动机的转速。

由三相异步电动机的转差率公式可得其转速为

$$n=(1-s)n_0=(1-s)\frac{60f_1}{p} \tag{1-14}$$

由式(1-14)可看出，要想改变三相异步电动机的转速有三种方法：

一是改变电源的频率f_1；二是改变转差率；三是改变定子绕组的磁极对数。下面分别讨论。

1. 变频调速

我国电力网的交流电源频率为50Hz，因此要用改变电源频率的方法调速，就需要专门的变频装置。最常用的变频设备为变频器。变频器主要由晶闸管整流器和晶闸管逆变器组成。其工作原理是：整流器先将频率为50Hz的交流电变换成直流电，再由逆变器将直流电变换成频率可调、电压可调的三相交流电，供给三相异步电动机调速用。这种调速方法的调速范围较大，平滑性好，可达到无级调速，并且机械特性较硬，但是需要专门的变频设备，价格较高。

2. 变转差率调速

变转差率调速，适用于绕线式三相异步电动机。其原理是：转子电路外串接电阻后，转子电流 I_2 以及电磁转矩 T 都相应减小，此时 $T<T_L$（负载转矩），电动机减速。转差率由 s 增加到 s'，转子中的感应电动势由 sE_{20} 增加到 $s'E_{20}$，于是转子电流 I_2 与电磁转矩 T 又增加，直到 $T=T_L$，电动机在一个新的转差率 s' 下达到平衡。

转子电路串接电阻时，调速消耗电能较多，不经济，且机械特性较软。

3. 变极调速

在设计三相异步电动机时，必须做到转子绕组的极对数和定子绕组的极对数一致。而三相笼式异步电动机转子的极对数能自动随定子绕组的极对数改变而改变，具有很好的跟随性，所以笼式三相异步电动机可做成多速电动机。

由 $n_0=\dfrac{60f_1}{p}$ 可知，如果极对数 p 减少一半，则旋转磁场的转速 n_0 将提高一倍，转子的转速也差不多提高一倍。因此改变 p 可以得到不同的转速。

三、反转

因为三相异步电动机的转动方向是由旋转磁场的方向决定的，而旋转磁场的转向取决于定子绕组中通入三相电流的相序。所以，要改变三相异步电动机的转动方向非常容易，只要将电动机三相供电电源中的任意两相对调即可。这时接到电动机定子绕组的电流相序被改变，旋转磁场的方向也被改变，电动机就实现了反转。

四、制动

三相异步电动机的定子绕组在脱离电源后，由于机械惯性作用，需要较长时间才能停止下来，而实际生产中，生产机械往往要求电动机快速、准确地停车，因此需采用一定的制动方法。通常的制动方法有机械制动和电气制动两种。所谓的电气制动，就是使三相异步电动机产生的电磁转矩与转子的转动方向相反，从而使电动机尽快停车。其产生的电磁转矩称为制动转矩。三相异步电动机的制动通常采用下面几种方法。

1. 能耗制动

如图 1-10 所示，当三相异步电动机脱离三相电源时，在两相定子绕组上接入一个直流电源。直流电源在定子绕组中产生一个固定磁场，转子因惯性作用继续沿原来的方向转动，这时转子绕组中产生感应电动势，并产生感应电流。转子的感应电流在静止磁场中受安培力的作用，从而产生与转动方向相反的转矩，即制动转矩，使电动机减速很快停车。因为这种方法的制动是将动能转变为电能，并消耗在转子回路电阻上，故称为能耗制动。能耗制动的优点是制动力较强，制动较平稳，对电网的影响较小，但需要直流电源。

2. 反接制动

电动机停车时将三相电源中的任意两相对调，使电动机产生的旋转磁场方向改变，电磁转矩方向也随之改变，成为制动转矩，如图 1-11 所示。

注意：当电动机的转速接近零时，要及时断开电源防止电动机反转。

特点：简单、制动效果好，但由于反接时旋转磁场与转子间的相对运动加快，因而电流较大。对于功率较大的电动机制动时必须在定子电路（笼式）或转子电路（绕线式）中接入电阻，用以限制电流。

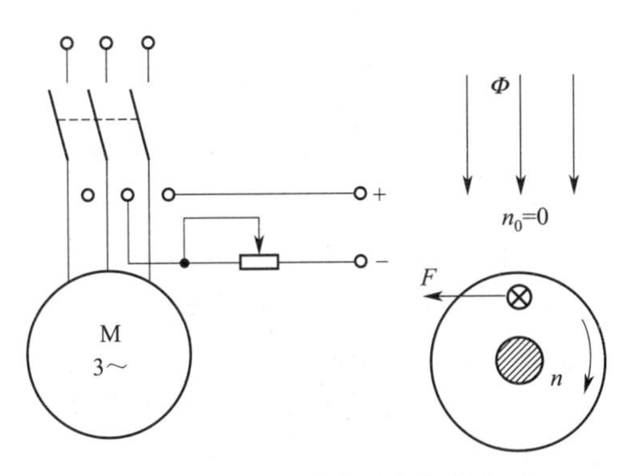

图 1-10　三相异步电动机能耗制动

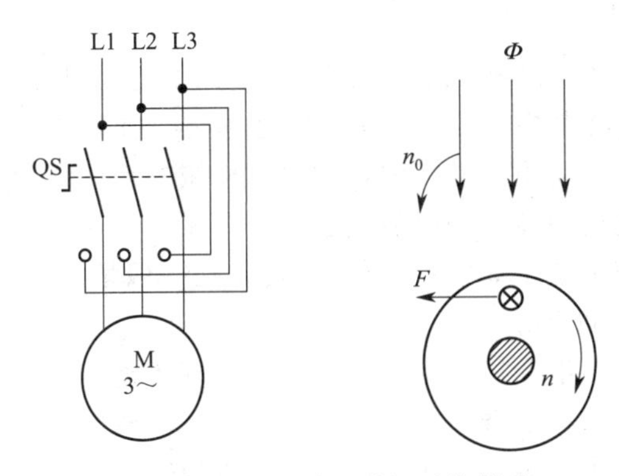

图 1-11　三相异步电动机反接制动

五、电动机的选择

选择三相异步电动机应该从实用、经济与安全的角度出发，正确地选择其类型、功率、电压和转速。其中电动机的功率选择最为重要。

1. 类型的选择

通常生产提供的是三相交流电源，如果对调速性能无特殊要求，一般情况下选用三相异步电动机。在三相异步电动机中，笼式电动机结构简单、价格便宜、工作可靠、维修方便，但其启动转矩小。因此在一般的生产机械中尽量选择笼式三相异步电动机，而在启动转矩要求较高的场合下适用绕线转子三相异步电动机。

从电动机的结构型式上讲，其种类很多，工作环境也不相同。如果是在干燥无尘且通风良好的场所选用开启式电动机；如果是在清洁干燥的环境中可选用防护式电动机；在尘土多、潮湿或含有酸性气体的场所多选用封闭式电动机；在有易燃、易爆气体的场所选用防爆式电动机。

2. 功率选择

电动机功率大小是生产机械决定的。功率选得过小，就不能保证电动机可靠地运行，甚至严重过载而烧毁；如果功率选得过大，设备费用增加，且电动机经常在欠载下工作，其效率和功率因数较低，也不经济。因此要选择合适的功率。

① 长期运行电动机功率的选择　对于长期连续运行的电动机，先算出生产机械的功率，

所选电动机的额定功率等于或稍大于生产机械的功率即可。

如某生产机械的功率为 P_1，则电动机的功率为

$$P=\frac{P_1}{\eta}$$

式中，η 为传动机构的效率。

然后对应产品手册选择一台合适的电动机，其额定功率 $P_N \geqslant P$。

② 短时运行电动机功率的选择　短时运行是指电动机的温升在工作期间未达到稳定值，当停止运转时，电动机再度冷却到周围环境的温度。

在选择电动机时，如果没有合适的专为短时运行设计的电动机，可选长期运行的电动机。此时，电动机允许过载，过载系数为 λ。工作时间越短，则过载可以越大，但过载量不能无限增大。电动机功率选择为 $P \geqslant P_1/\lambda$（λ 为过载系数）。

3. 电压和转速的选择

一般中、小型交流电动机的额定电压为 380V，大型电动机（功率大于 100kW）的额电压可达 3kV、6kV。额定功率相同的电动机，转速越高，极对数越少，体积越小，价格也越便宜。但是电动机是用来拖动生产机械的，而生产机械的转速一般是由生产工艺的要求确定的，因此选择时应使电动机的转速尽可能接近生产机械的转速。

通常生产机械的转速不低于 500 r/min，因此，在一般情况下都选用四极三相异步电动机，即同步转速 $n_0=1440\text{r/min}$。

合理选择电动机关系到生产机械的安全运行和投资效益，可根据生产机械所需的功率选择电动机的容量，根据工作环境选择电动机的结构形式，根据生产机械对调速、启动的要求选择电动机的类型，根据生产机械的转速选择电动机的转速。

电动机的绝缘如果损坏，运行中机壳就会带电。一旦机壳带电而电动机又没有良好的接地装置，操作人员接触到机壳时，就会发生触电事故。因此，电动机的安装、使用一定要有接地保护。

六、铭牌及接线方法

1. 铭牌

三相异步电动机的铭牌如图 1-12 所示。

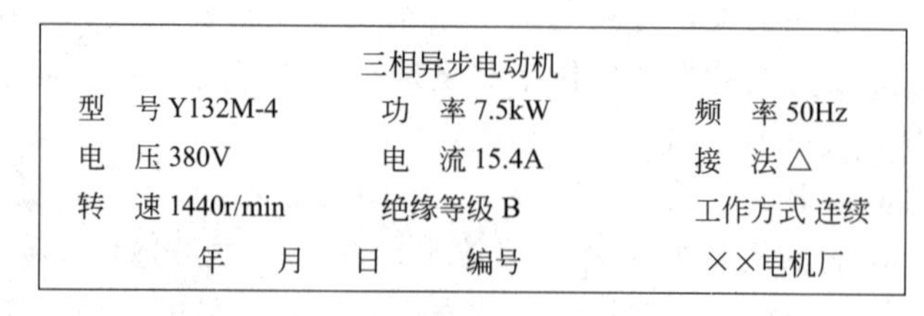
三相异步电动机

型　号 Y132M-4	功　率 7.5kW	频　率 50Hz
电　压 380V	电　流 15.4A	接　法 △
转　速 1440r/min	绝缘等级 B	工作方式 连续
年　月　日	编号	××电机厂

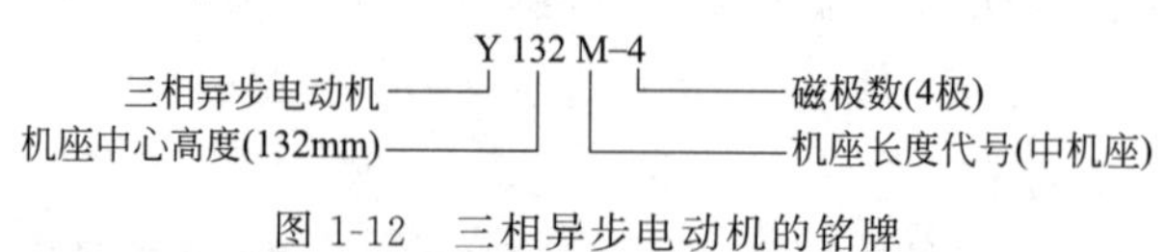

图 1-12　三相异步电动机的铭牌

型号：如图 1-12 所示。

功率：电动机在铭牌规定条件下正常工作时转轴上输出的机械功率，称为额定功率。

电压：电动机的额定线电压。

电流：电动机在额定状态下运行时的线电流。

频率：电动机所接交流电源的频率。

转速：额定转速。

2. 接线方法

接线方法是指定子三相绕组的连接方法。一般笼式电动机的接线盒中有六根引线，即U1、V1、W1、U2、V2、W2。其中，U1、U2是第一相绕组的首端末端；V1、V2是第二相绕组的首端末端；W1、W2是第三相绕组的首端末端。这六个出线端在接入电源之前必须正确连接，连接方式有星形（Y）和三角形（△），如图1-13(a)和(b)所示。

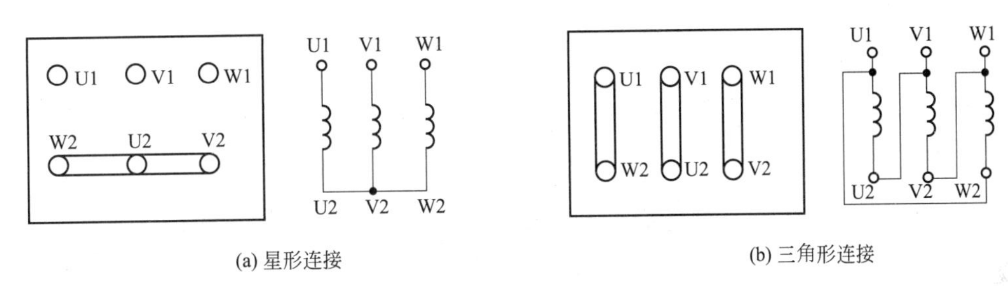

(a) 星形连接

(b) 三角形连接

图1-13 三相异步电动机的接线方法

例题2 某三相异步电动机，铭牌数据如下：△接法，$P_N=10\text{kW}$，$U_N=380\text{V}$，$I_N=19.9\text{A}$，$n_N=1450\text{r/min}$，$\lambda_N=0.87$，$f=50\text{Hz}$。求：①电动机的磁极对数及旋转磁场转速n_0；②电源线电压380V的情况下，能否采用Y-△方法启动；③额定负载运行时的效率η_N；④已知$T_{st}/T_N=1.8$，直接启动时的启动转矩。

解： ① 已知$n_N=1450\text{r/min}$，则$n_0=1500\text{r/min}$。

$$p=\frac{60f}{n_0}=2(\text{对})$$

② 电源线电压为380V时可以采用Y-△方法启动。

③ $\eta_N=\dfrac{P_N}{\sqrt{3}U_N I_N \lambda_N}=0.88$。

④ $T_{st}=1.8T_N=1.8\times 9550\dfrac{P_N}{n_N}=118.6(\text{N}\cdot\text{m})$。

学习成果评价

看懂下面某厂生产的电动机铭牌，回答如下问题：

三相异步电动机		
型　号 Y112M-6	功　率 2.2kW	频　率 50Hz
电　压 380V	电　流 5.7A	接　法 Y
转　速 935r/min	绝缘等级 B	工作方式 连续
年　月　日	编号	××电机厂

1. 求电动机产生的旋转磁场的磁极对数p及磁场转速n_0。
2. 求电动机的额定转矩T_N。

思考讨论

向许振超学习，弘扬工匠精神

许振超同志是青岛港（集团）有限公司明港分公司集装箱桥吊队队长、党支部书记。他1974年进入青岛港工作，凭着刻苦钻研、艰苦奋斗的拼搏精神和不怕困难、勇于创新的坚韧意志，从一名普通的门机司机锻炼成长为著名的港口桥吊技术能手。

他率领桥吊队全体职工多次刷新集装箱桥吊作业世界纪录，曾一举创出了每小时单船381自然箱的世界一流集装箱装卸效率，以他的名字命名的“振超效率”享誉世界航运界。他被评为山东省有突出贡献的工人技师、自学成才先进个人，被授予山东省“富民兴鲁”劳动奖章、全国五一劳动奖章，并荣获全国交通系统劳动模范荣誉称号。

许振超同志是在科技突飞猛进、人才竞争激烈和全面建设小康社会的新形势下，从工人队伍中涌现出来的敢想敢干、能干会干、苦干实干的先进典型。他的先进事迹，集中体现了当代产业工人放眼世界、与时俱进、开拓创新的优秀品质，充分展示了当代产业工人勤奋学习、执着进取、勇于拼搏的崭新形象，不愧为当代产业工人的优秀代表。

新一轮科技革命和产业变革，是以移动互联网、社交网络、云计算、大数据、智能制造为特征的第三代科学技术架构。面对日新月异的新一代科技革命，我们应当怎样向许振超同志学习，以怎样的行动适应这一科技变革？为了将来能够成为具备“工匠精神”的一线高级技能人才，我们又应当以什么样的态度和标准参与平时的项目训练？

项目二

低压电器及基本控制电路应用

项目导读

工业设备的运转需要由各种电动机驱动，那么怎样让电动机按照生产要求运转呢？这就需要用到各种低压电器组成电气控制系统来完成了。

学习目标

1. 掌握常用低压电器的结构、原理及符号；掌握电气原理图绘制方法及要求；掌握三相异步电动机点动、自锁、顺序、正反转和时间控制等基本控制电路的原理。

2. 能够具备：装配三相异步电动机基本控制电路的能力；读懂简单设备电气原理图的能力；分析查找简单电气控制线路故障的能力。

3. 养成严谨求实的工作态度和电气安装标准规范意识。

项目实施

本项目共有三项任务，通过三项任务的完成，达到熟练应用三相异步电动机的目标。

任务一
认识常用低压电器

工作任务

掌握常用低压电器的结构、原理、符号及使用方法。

任务目标

1. 掌握常用低压电器的结构、原理及符号画法。
2. 了解常用低压电器的分类、型号、技术参数及使用方法。

任务实施

对电动机和生产机械实现控制和保护的电工设备叫作控制电器。控制电器的种类很多，按其动作方式可分为手动和自动两类。手动电器的动作是由工作人员手动操纵的，如刀开关、组合开关、按钮等。自动电器的动作是根据指令、信号或某个物理量的变化自动进行的，如中间继电器、交流接触器等。

一、组合开关

组合开关又称转换开关，常用于交流50Hz、380V以下及直流220V以下的电气线路中，供手动不频繁地接通和断开电路、接通电源和负载以及控制5kW以下小容量异步电动机的启动、停止和正反转。

1. 结构及应用

常用的组合开关有HZ系列，有单极、双极和多极之分。常用的三极组合开关外形如图2-1所示。

图2-1 组合开关外形

组合开关由动触头、静触头、转轴、手柄、定位机构和外壳组成。它的内部有三对静触头，分别装在绝缘垫板上，并附有接线柱，用于与电源及用电设备的连接。三个动触头是由磷铜片或硬紫铜片和具有良好绝缘性能的绝缘钢纸板铆合而成的，与绝缘垫板一起套在有手柄的绝缘杆上，手柄每转动90°，带动三个动触头分别与三对静触头接通或断开，实现接通或断开电路的目的。开关的顶盖部分由凸轮、弹簧及手柄等零件构成操作机构，由于采用了扭簧储能，可使触头快速闭合或分断，从而提高了开关的通断能力。组合开关具有体积小、寿命长、结构简单、操作方便、灭弧性能较好等优点。

组合开关应根据用电设备的电压等级、容量和所需触头数进行选用。组合开关的额定电流有 6A、10A、15A、25A、60A、100A 等多种。组合开关用于一般照明、电热电路时，其额定电流应等于或大于被控制电路中各负载电流的总和；用于控制电动机时，其额定电流一般取电动机额定电流的 1.5～2.5 倍。

2. 符号画法

常用的组合开关有单极、双极、三极和四极开关。其文字符号和图形符号如图 2-2 所示。

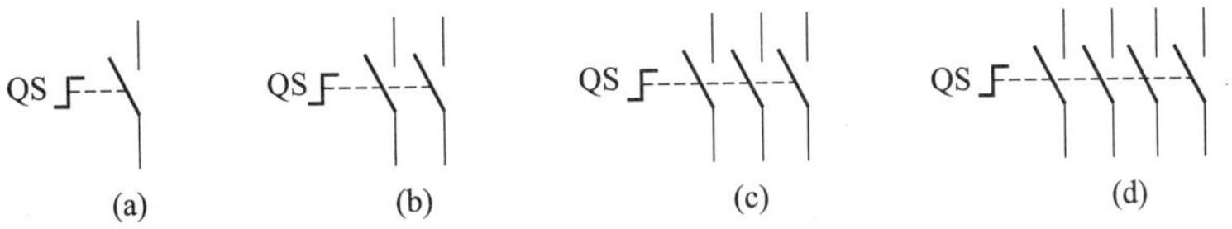

图 2-2 组合开关的符号

二、低压断路器

低压断路器又称自动空气开关，是一种既能在正常电路条件下接通、承载、分断电流，又能在规定的非正常电路条件（例如短路）下接通、承载一定时间和分断电流的一种机械开关电器。

1. 结构

低压断路器可分为单极、双极、三极和四极四种类型。它主要由触头系统、灭弧装置、保护系统和操作机构组成，其结构如图 2-3 所示。低压断路器的主触头一般由耐弧合金制成，采用灭弧栅片灭弧，能快速及时地切断高达数十倍额定电流的短路电流。主触头的通断是受自由脱扣器控制的，而自由脱扣器又受操作手柄或其他脱扣器的控制。

自由脱扣机构是一套连杆机构。当操作手柄手动合闸（有些断路器可以电动合闸），即主触头被合闸操作机构闭合后，锁键被锁钩挂住，即自由脱扣机构将主触头锁在合闸位置上。当操作手柄手动跳闸或其他脱扣器动作时，使锁钩脱开（脱扣），弹簧迫使主触头快速断开，称为断路器跳闸。为扩展功能，除手动跳闸和合闸操作机构外，低压断路器还可配置电磁脱扣器（即过电流脱扣器、欠电压脱扣器、分励脱扣器）、热脱扣器、辅助触点、电动合闸操作机构等附件。

过电流脱扣器的线圈与主电路串联。当电路发生短路时，短路电流流过线圈产生的电磁吸力迅速吸合衔铁左端，使衔铁右端上翘，经杠杆作用，顶开锁钩，从而带动主触头断开主电路（断路器自动跳闸）。所以，在断路器中配置过电流脱扣器，短路时可实现过电流保护功能。

欠电压脱扣器的线圈与电源电路并联。当电源电压正常时，衔铁被吸合；当电路欠电压（包括其所接电源缺相、电压偏低和停电）时，弹簧力矩大于电磁力矩，衔铁释放，使自由脱扣机构迅速动作，断路器自动跳闸。在断路器中配置欠电压脱扣器，可实现欠电压保护功能，主要用于电动机的控制。

热脱扣器的热元件（加热电阻丝）与主电路串联。对于三相四线制电路，三相都有配置；对于三相三线制电路，可配置两相。当电路过负荷时，热脱扣器的热元件发热使双金属

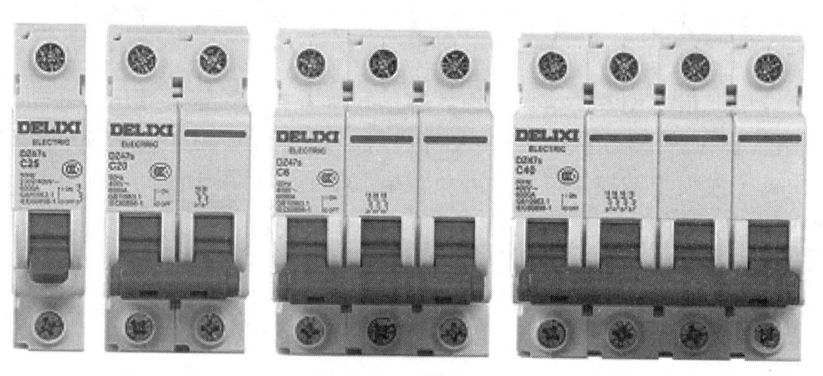

(a) 低压断路器实物

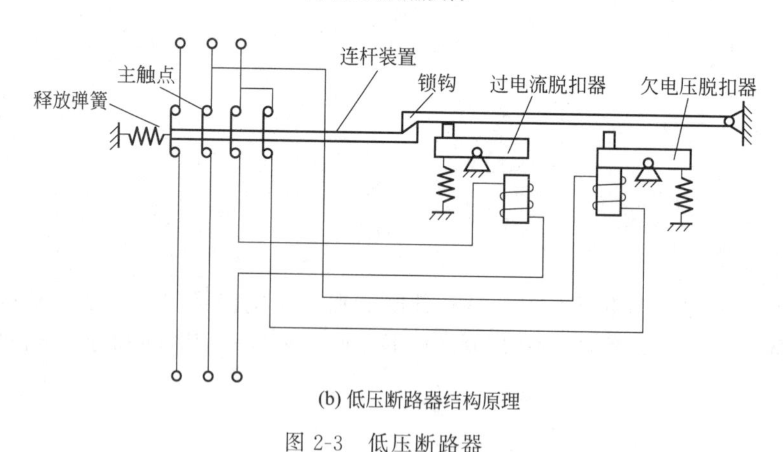

(b) 低压断路器结构原理

图 2-3 低压断路器

片向上弯曲，经延时推动自由脱扣机构动作，断路器自动跳闸。所以，在断路器中配置热脱扣器，可实现过负荷保护功能。

操作手柄除了主要用于手动跳闸和手动合闸操作外，还要供检修用。电动合闸操作机构可实现远距离电动合闸，一般容量较大的低压断路器才配置。

正常情况下过电流脱扣器的衔铁是释放着的，严重过载或短路时，线圈因流过大电流而产生较大的电磁吸力，把衔铁往下吸而顶开锁钩，使主触点断开，起过电流保护作用。欠电压脱扣器在正常情况下吸住衔铁，主触点闭合，电压严重下降或断电时释放衔铁而使主触点断开，实现欠电压保护。电源电压正常时，其必须重新合闸才能工作。

2. 符号画法

低压断路器的文字符号和图形符号如图 2-4 所示。

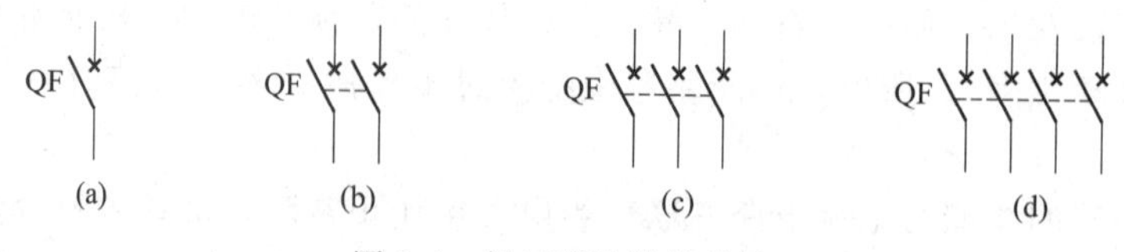

图 2-4 低压断路器的符号

三、熔断器

熔断器是一种应用广泛且简单有效的保护电器。在使用中，熔断器中的熔体（也称为熔丝）串联在被保护的电路中。当该电路发生过载或短路故障时，如果通过熔体的电流达到或超过了某一值，则在熔体上产生的热量便会使其温度升高到熔点，导致熔体自行熔断，达到保护的目的。

1. 熔断器的结构与工作原理

熔断器主要由熔体和安装熔体的熔管或熔座两部分组成。熔体由熔点较低的材料如铅、锌、锡及铅锡合金做成丝状或片状。熔管是熔体的保护外壳，由陶瓷、绝缘刚纸或玻璃纤维制成，在熔体熔断时兼起灭弧作用。

熔断器熔体中的电流为其额定电流时，熔体长期不熔断；当电路发生严重过载时，熔体在较短时间内熔断；当电路发生短路时，熔体能在瞬间熔断。熔体的这个特性称为反时限保护特性，即电流为额定值时长期不熔断，过载电流或短路电流越大，熔断时间越短。由于熔断器对过载反应不灵敏，不宜用于过载保护，主要用于短路保护。

常用的熔断器有螺旋管式、瓷插式和管式三种，其文字符号和图形符号如图 2-5 所示。

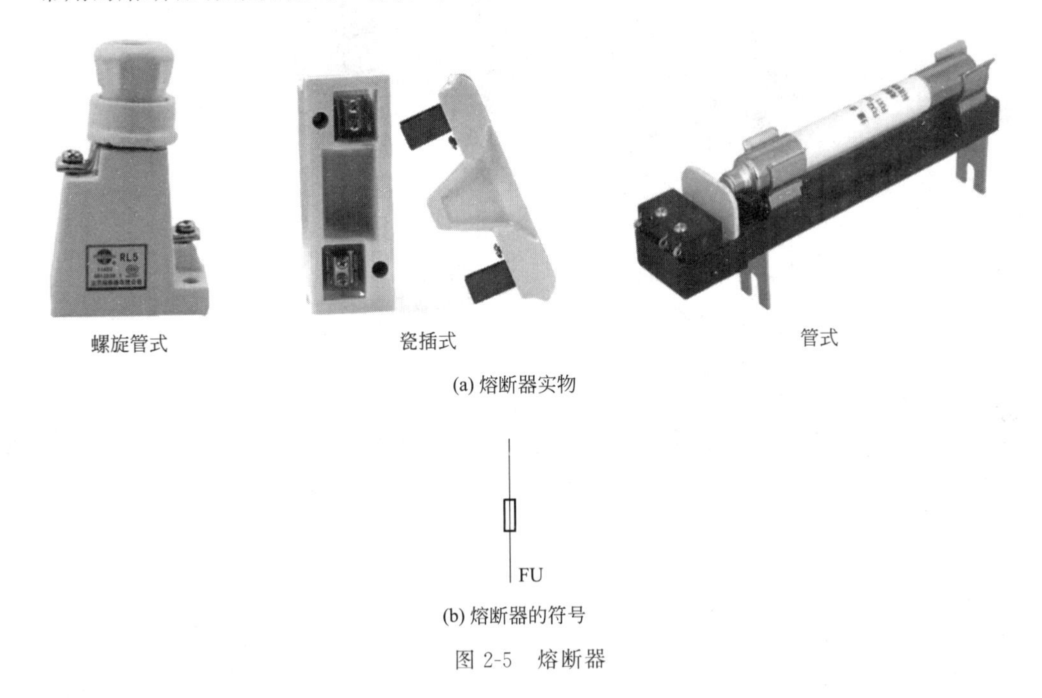

(a) 熔断器实物

(b) 熔断器的符号

图 2-5 熔断器

2. 熔断器的选择

熔断器的选择主要是选择熔断器的种类、额定电压、额定电流和熔体的额定电流等。熔断器的种类主要由电气控制系统整体设计时确定，熔断器的额定电压应大于或等于实际电路的工作电压，因此确定熔体电流是选择熔断器的主要任务，具体有下列几条原则。

① 电路上、下两级都装设熔断器时，为使两级保护相互配合良好，两极熔体额定电流的比值不应小于 1.6∶1。

② 对于照明线路或电阻炉等没有冲击性电流的负载，熔体的额定电流应大于或等于电路的工作电流。

③ 保护一台异步电动机时，考虑电动机冲击电流的影响，熔体的额定电流应大于或等于电路工作电流的 1.5～2.5 倍。

四、按钮

按钮通常用于发出操作信号，接通或断开电流较小的控制电路，以控制电流较大的电动机或其他电气设备的运行。按钮的结构如图 2-6 所示。它由按钮帽、动触点、静触点和复位弹簧等构成。在按钮未按下时，动触点是与上面的静触点接通的，这对触点称为动断（常闭）触点；这时动触点与下面的静触点则是断开的，这对触点称为动合（常开）触点。当按下按钮帽时，上面的动断触点断开，而下面的动合触点接通；当松开按钮帽时，动触点在复位弹簧的作用下复位，使动断触点和动合触点都恢复到原来的状态。

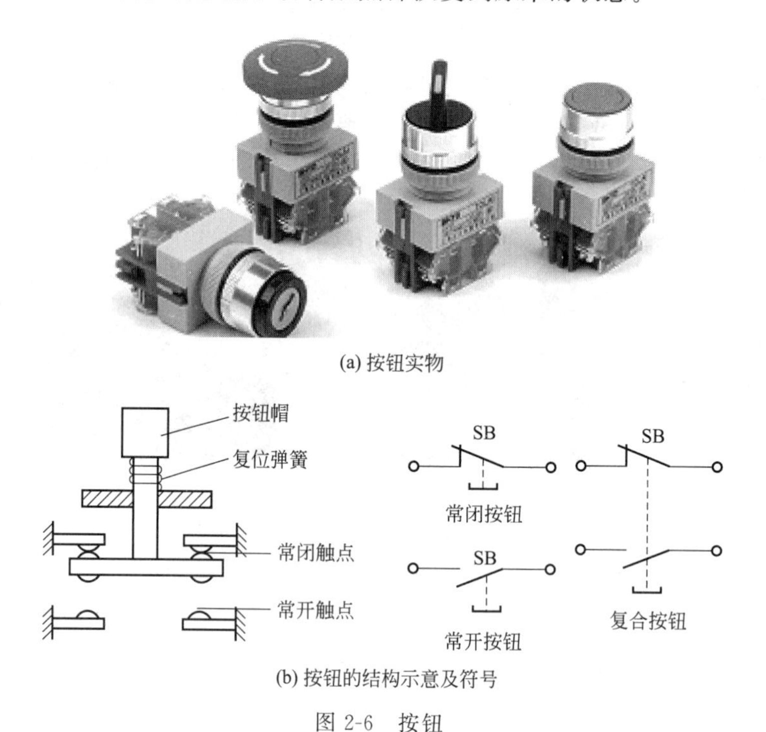

(a) 按钮实物

(b) 按钮的结构示意及符号

图 2-6　按钮

常见的一种双联（复合）按钮由两个按钮组成，一个用于电动机启动，另一个用于电动机停止。按钮触点的接触面积都很小，额定电流一般不超过 5A。有的按钮装有信号灯，按钮帽用透明塑料制成，兼作指示灯罩，以显示电路的工作状态。为了标明各个按钮的作用，避免误操作，通常将按钮帽做成不同的颜色，以示区别，其颜色有红、绿、黑、黄、白等。一般以绿色按钮表示启动，红色按钮表示停止。

五、交流接触器

接触器是一种适用于低压配电系统中远距离控制，频繁操作交、直流主电路及大容量控制电路的自动控制开关电器，主要用于自动控制电动机、电热设备和电容器组等设备。

接触器具有大容量的主触头及迅速熄灭电弧的能力，当系统发生故障时，能根据故障检测元件给出的动作信号，迅速、可靠地切断电源，并有低压释放功能，是电力拖动自动控制线路中使用最广泛的电器元件。接触器按其主触点通过电流的种类可分为交流接触器和直流接触器。交流接触器又可分为电磁式和真空式两种。这里主要介绍常用的电磁式交流接触器。

1. 组成

交流接触器主要由电磁机构、触点系统和灭弧装置构成。

（1）电磁机构

电磁机构用来操作触点的闭合和分断，它由静铁芯、线圈和衔铁三部分组成。其作用是将电磁能转换成机械能，产生电磁吸力带动触点动作。

（2）主触点和灭弧系统

主触点用以通断较大的主电流，一般由接触面积较大的常开触点组成，通常为三对常开触点。交流接触器在分断大电流电路时，往往会在动、静触点之间产生很强的电弧，因此，容量较大（10A 以上）的交流接触器均装有熄弧罩，有的还有栅片或磁吹熄弧装置。

（3）辅助触点

辅助触点用以通断小电流的控制电路，它由常开触点和常闭触点成对组成。辅助触点不装设灭弧装置，所以它不能用来分合主电路。

（4）其他装置

包括反作用弹簧、缓冲弹簧、触头压力弹簧、传动机构、接线柱及外壳等。

接触器上标有端子标号，线圈为 A1、A2，主触点 1、3、5 接电源侧，2、4、6 接负荷侧。辅助触点用两位数表示，前一位为辅助触点顺序号，后一位的 3、4 表示常开触点，1、2 表示常闭触点。

2. 动作原理

交流接触器线圈通电后，在铁芯中产生磁通，由此在衔铁气隙处产生吸力，使衔铁产生闭合动作，主触点在衔铁的带动下也闭合，于是接通了主电路。同时衔铁还带动辅助触点动作，使原来打开的辅助触点闭合，并使原来闭合的辅助触点打开。当线圈断电或电压显著降低时，吸力消失或减弱，衔铁在释放弹簧的作用下打开，主、副触点又恢复到原来的状态。交流接触器的动作原理及符号如图 2-7 所示。

3. 接触器的选择

（1）接触器的类型选择

根据接触器所控制的负载性质来选择接触器的类型。

（2）额定电压的选择

接触器的额定电压应大于或等于负载回路的电压。

（3）额定电流的选择

接触器的额定电流应大于或等于被控回路的额定电流。

（4）吸引线圈的额定电压选择

吸引线圈的额定电压应与所接控制电路的电压一致。

4. 接触器常见故障分析

（1）触头过热

造成触头发热的主要原因有：触头接触压力不足；触头表面接触不良；触头表面被电弧灼伤烧毛等。以上原因都会使触头接触电阻增大，造成触头过热。

（2）触头磨损

触头磨损有两种：一种是电气磨损，由触头间电弧或电火花的高温使触头金属汽化和蒸

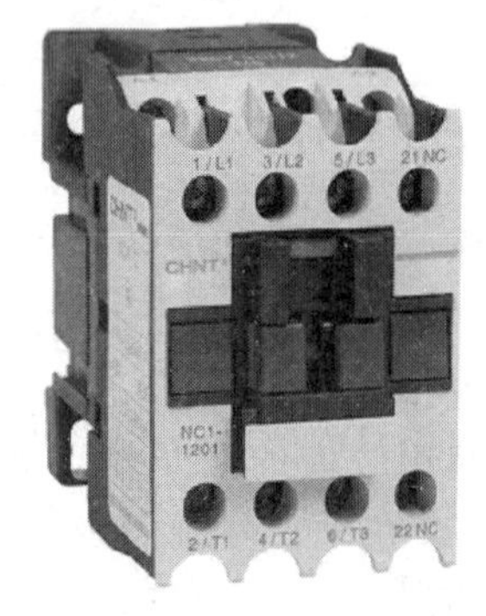

(a) 交流接触器实物

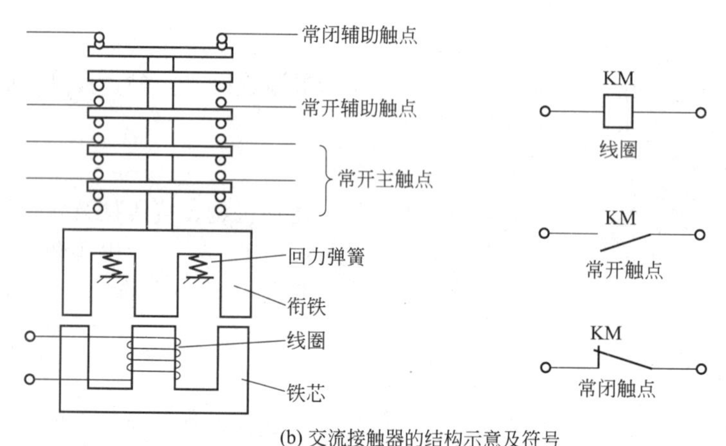

(b) 交流接触器的结构示意及符号

图 2-7 交流接触器的动作原理及符号

发造成；另一种是机械磨损，由触头闭合时的撞击、触头表面的滑动摩擦等造成。

(3) 线圈断电后触头不能复位

其原因有：触头熔焊在一起；铁芯剩磁太大；反作用弹簧弹力不足；活动部分机械上被卡住；铁芯端面有油污等。

(4) 衔铁振动和噪声

产生振动和噪声的主要原因有：短路环损坏或脱落；衔铁歪斜或铁芯端面有锈蚀、尘垢，动、静铁芯接触不良；反作用弹簧弹力太大；活动部分机械上卡阻而使衔铁不能完全吸合等。

(5) 线圈过热或烧毁

线圈中流过的电流过大时，就会使线圈过热甚至烧毁。造成线圈电流过大的原因有：线圈匝间短路；衔铁与铁芯闭合后有间隙；操作频繁，超过了允许操作频率；外加电压高于线圈的额定电压等。

六、继电器

继电器是一种根据某种物理量的变化，使其自身的执行机构动作的电器。它由感应元件和执行元件组成，执行元件的触点通常接在控制电路中。当感应元件中的输入量（如电流、电压、温度、压力等）变化到某一定值时继电器动作，执行元件便接通或断开控制电路，以达到控制或保护的目的。

继电器的种类很多，按动作原理分为：电磁式继电器、感应式继电器、热继电器、机械式继电器、电动式继电器、电子式继电器等；按动作信号分为：电流继电器、电压继电器、时间继电器、速度继电器、温度继电器、压力继电器等。

下面主要讲述热继电器、时间继电器和中间继电器。

1. 热继电器

电动机在实际运行中常遇到过载的情况，若过载不大、时间较短，电动机绕组不超过允许温升，这种过载是允许的。但若过载时间长、过载电流大，电动机绕组的温升就会超过允许值，使电动机绕组绝缘老化，缩短电动机的使用寿命，严重时甚至会使电动机绕组烧毁。所以，这种过载是电动机不能承受的。热继电器就是利用电流的热效应原理，在电动机出现不能承受的过载时切断电动机电路，为电动机提供过载保护的一种电器。热继电器可以根据过载电流的大小自动调整动作时间，具有反时限保护特性，即：过载电流大，动作时间短；过载电流小，动作时间长；当电动机的工作电流为额定电流时，热继电器长期不动作。

热继电器主要用于电动机的过载保护、断相保护、电流不平衡运行的保护及其他电气设备发热状态的控制。

（1）结构

热继电器由双金属片、热元件、动作机构、触头系统、整定电流装置和手动复位装置等几部分组成。热继电器的实物及结构原理示意如图 2-8 所示。

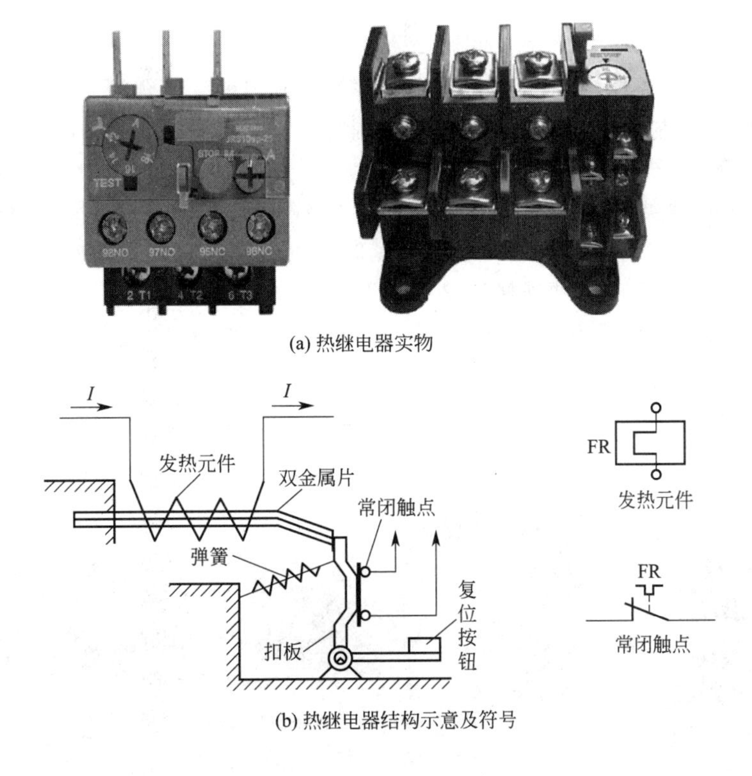

(a) 热继电器实物

(b) 热继电器结构示意及符号

图 2-8　热继电器

（2）动作原理

使用时，将热继电器的三相热元件分别串接在电动机的三相主电路中，动断触点串接在控制电路的接触器线圈回路中。当电动机过载时，流过电阻丝（热元件）的电流增大，电阻丝产生的热量使金属片弯曲；经过一定时间后，弯曲位移增大，推动导板移动，使其常闭触点断开，常开触点闭合，接触器线圈断电，接触器主触点断开，将电源分断，起过载保护作用。

（3）选用

选用热继电器主要应考虑的因素有：额定电流或热元件的整定电流应大于被保护电路或设备的正常工作电流。用作电动机保护时，要考虑其型号、规格和特性、正常启动时的启动时间和启动电流、负载的性质等。在接线上对于星形连接的电动机，可选两相或三相结构的热继电器；对于三角形连接的电动机，应选择带断相保护的热继电器。所选用的热继电器的整定电流通常应与电动机的额定电流相等。

选用热继电器要注意下列几点：

① 对于点动、重载启动、频繁正反转及带反接制动等运行的电动机，一般不用热继电器作过载保护。

② 要根据热继电器与电动机的安装条件和环境，将热元件的电流做适当调整。如高温场合，电流应放大 1.05～1.20 倍。

③ 通过热继电器的电流与整定电流之比称为整定电流倍数，其值越大发热越快，动作时间越短。

2. 时间继电器

时间继电器是一种利用电磁原理或机械动作原理延迟触头闭合或分断的一种自动控制电器。它被广泛用来控制生产过程中按时间原则制定的工艺程序，如异步电动机定时控制、电动机 Y/△启动等。

时间继电器的种类很多，主要有电磁式、空气阻尼式、电动式、电子式等几大类，如图 2-9 所示。延时方式有通电延时和断电延时两种。空气阻尼式时间继电器的延时时间有 0.4～180s 和 0.4～60s 两种规格，具有延时范围宽、结构简单、工作可靠、价格低廉、寿命长等优点，是交流控制线路中原来常用的时间继电器。它的缺点是延时误差（±10%～±20%）大，无调节刻度指示，难以精确地整定延时值。在对延时精度要求高的场合，不宜使用这种时间继电器，现在多被电子式时间继电器取代。

(a) 时间继电器实物

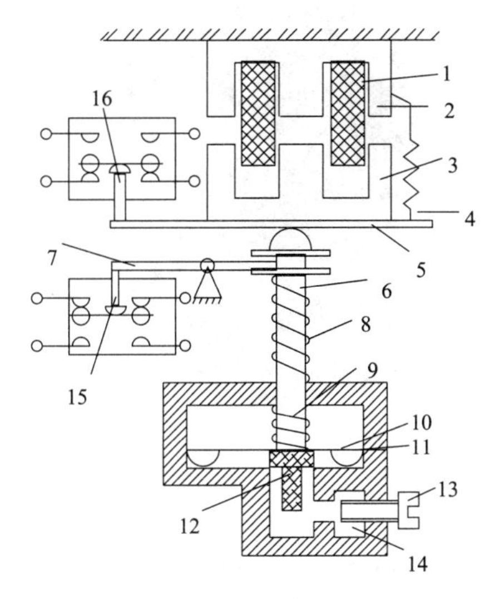

(b) 通电延时型空气阻尼式时间继电器结构

图 2-9　时间继电器

1—线圈；2—铁芯；3—衔铁；4—反力弹簧；5—推板；6—活塞杆；7—杠杆；8—塔形弹簧；9—弱弹簧；10—橡皮膜；11—空气室壁；12—活塞；13—调节螺钉；14—进气孔；15，16—微动开关

电子式时间继电器是利用半导体器件来控制电容的充放电时间，以实现延时功能的。电子式时间继电器分为晶体管式和数字式两种。常用的晶体管式时间继电器有 JS20 系列，延时范围有 0.1～180s、0.1～300s、0.1～3600s 三种，适用于交流 50Hz、380V 及以下或直流 110V 及以下的控制电路。数字式时间继电器分为电源分频式、*RC* 振荡式和石英分频式三种。如 JSS 系列时间继电器，采用了大规模集成电路、LED 显示、数字拨码开关预置，设定方便，工作稳定可靠，设有不同的时间段供选择，可按预置的时间（0.01s～99h 99min）接通或断开电路。

时间继电器的符号如图 2-10 所示。

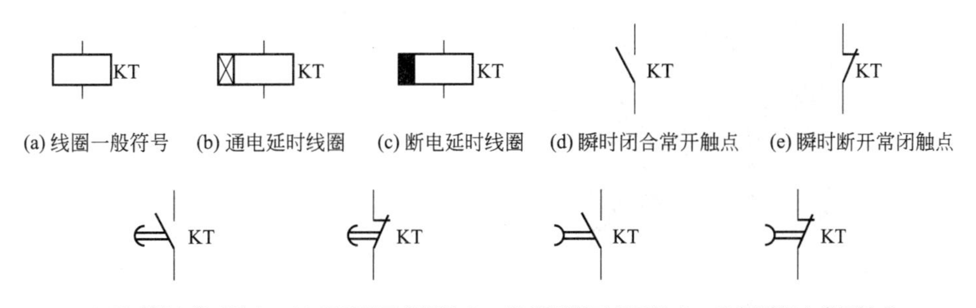

(a) 线圈一般符号　(b) 通电延时线圈　(c) 断电延时线圈　(d) 瞬时闭合常开触点　(e) 瞬时断开常闭触点

(f) 延时闭合常开触点　(g) 延时断开常闭触点　(h) 延时断开常开触点　(i) 延时闭合常闭触点

图 2-10　时间继电器的符号

3. 中间继电器

中间继电器通常用来传递信号和同时控制多个电路，也可用来直接控制小容量电动机或其他电气执行元件。中间继电器的结构和工作原理与交流接触器基本相同，主要区别是触点数目多些，且触点容量小，只允许通过小电流。中间继电器实物及符号如图 2-11 所示。

(a) 中间继电器实物

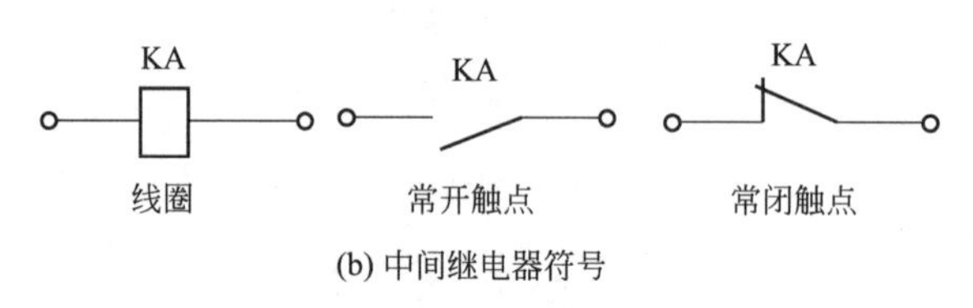

(b) 中间继电器符号

图 2-11　中间继电器

4. 速度继电器

速度继电器是用来反映转速与转向变化的继电器，它可以按照被控电动机转速的大小使控制电路接通或断开。速度继电器通常与接触器配合，实现对电动机的反接制动。从结构上看，速度继电器主要由转子、转轴、定子和触点等部分组成，如图 2-12 所示。转子是一个圆柱形永久磁铁，定子是一个笼形空心圆环，并装有笼形绕组。

(a) 速度继电器实物

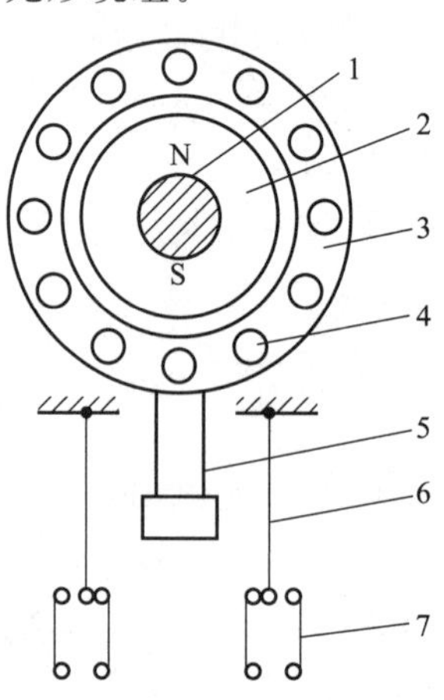

(b) 速度继电器结构示意

图 2-12　速度继电器

1—转轴；2—转子；3—定子；4—绕组；5—摆杆；6—动触点；7—静触点

工作原理：速度继电器的转轴和电动机的轴通过联轴器相连，当电动机转动时，速度继电器的转子随之转动，定子内的绕组便切割磁力线，产生感应电流；此电流与转子磁场作用产生转矩，使定子随转子方向开始转动。当电动机的转速达到某一值时，产生的转矩能使定子转到一定角度，从而使摆杆推动触点动作；当电动机的转速低于某一值或停转时，定子产生的转矩会减小或消失，触点在弹簧的作用下复位。

速度继电器的符号如图 2-13 所示。

(a) 继电器转子　(b) 常开触点　(c) 常闭触点

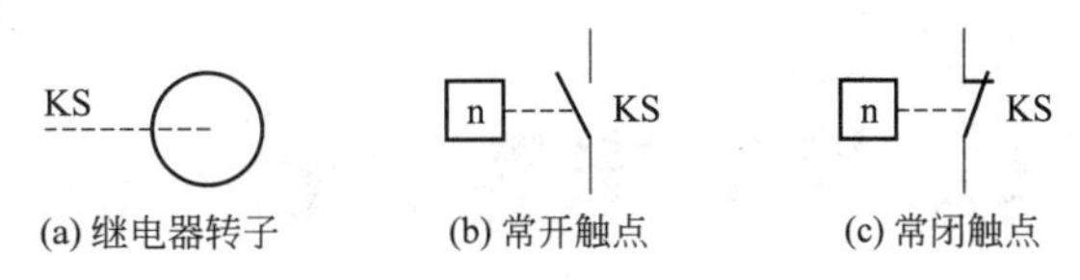

图 2-13　速度继电器的符号

七、行程开关

行程开关也称为位置开关，主要用于将机械位移变为电信号，以实现对机械运动的电气控制。行程开关主要有按钮式、单轮旋转式和双轮旋转式三种类型。按钮式行程开关的实物、原理示意及符号如图 2-14、2-15 所示。当机械的运动部件撞击触杆时，触杆下移使常闭触点断开，常开触点闭合；当运动部件离开后，在复位弹簧的作用下，触杆恢复到原来的位置，各触点恢复常态。

按钮式　单轮旋转式　双轮旋转式

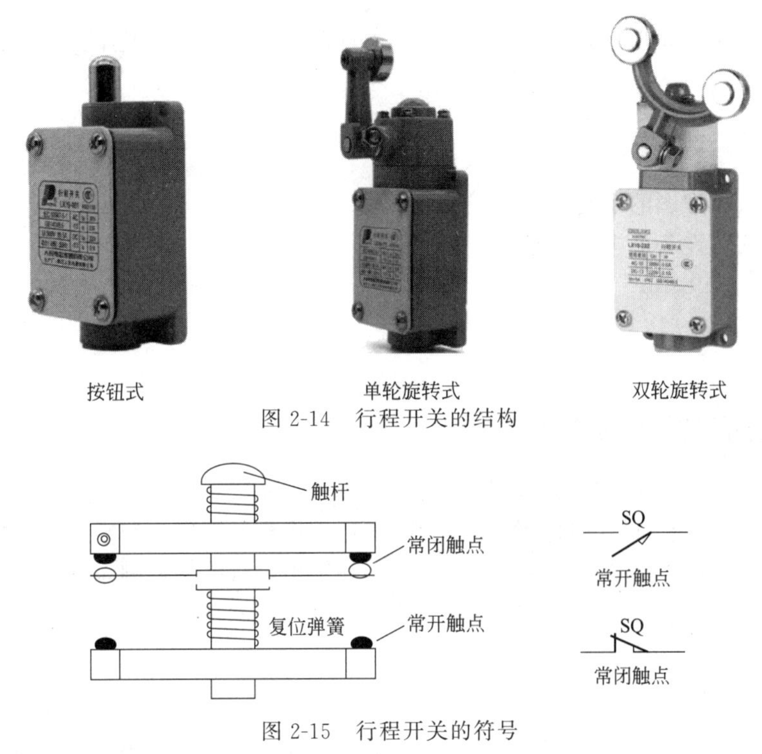

图 2-14　行程开关的结构

图 2-15　行程开关的符号

学习成果评价

1. 简述交流接触器的结构及动作原理。
2. 分别写出熔断器、两极组合开关、常开按钮、交流接触器线圈的文字符号和图形符号。

任务二
基本控制电路分析

工作任务 >>

掌握三相异步电动机点动、自锁、顺序、正反转和时间控制等基本控制电路的原理。

任务目标 >>

1. 掌握电气原理图的绘制方法及要求。
2. 能读懂简单设备的电气原理图。

任务实施 >>

一、电气控制系统图的基本知识

生产设备的运转通常需要用电动机拖动生产机械来完成，而电动机的运转需要通过各种低压电器组成的电气控制系统进行控制。为了表达生产机械电气控制系统的结构、原理等设计意图，同时便于电气元件的安装、接线、运行和维护，将电气控制系统中各电器的连接用一定的图形表示出来，便形成了电气控制系统图。电气控制系统图根据功能分类，可以分为电气原理图、电气接线图和电气布置图。

1. 电气原理图

电气原理图是采用国家统一规定的电气图形符号和文字符号，用来表示电路各电气元件的作用、连接关系和工作原理，而不考虑电路元器件的实际位置的一种简图。电气原理图能充分表达电气设备的工作原理，是电气线路安装、调试和维修的理论依据。图 2-16 制药压片机电气原理所示，通过该图即可表达制药压片控制系统所需的电器、控制原理、电气保护作用和维修理论依据等。

（1）电气原理图的组成

电气原理图可分为电源电路、主电路和辅助电路三部分。电源电路画成水平线，三相交流电源相序 L1、L2、L3 从上到下依次画出，中性线（N 线）和保护接地线（PE 线）依次画在相线之下。直流电源用水平线画出，正极在上，负极在下。

主电路是从电源到电动机的电路，是强电流通过的电路，由刀开关或断路器、熔断器、接触器主触头、热继电器和电动机等组成。主电路垂直于电源线画出。

辅助电路包括控制电路、照明电路、信号电路及保护电路等，是小电流通过的电路，由按钮、接触器辅助触头、接触器线圈、继电器触点、指示灯、照明灯、控制变压器等组成。

绘制电路图时，控制电路用细实线绘制在原理图的右侧或下方，并跨接在两条水平电源线之间，耗能元件（如接触器、继电器线圈、电磁铁线圈、照明灯、信号灯等）要画在电路图的下方，而电器的触头要画在耗能元件与上边电源线之间。

（2）电气元件的画法

电气原理图中电气元件均不画元件外形图，而是采用国家标准规定的电气图形符号画出。

同一电器的各元件可不按它们的实际位置画在一起，而按其在电路中所起的作用分别画在不同的电路中，但它们的动作是相互关联的，必须标以相同的文字符号。如果图中相同的电器较多时，需要在电器文字符号的后面加注不同的数字，以示区别，如 SB1、SB2 等。

（3）电气元件触头状态的画法

电气原理图中各电气元件的触头状态均按没有外力或未通电时触头的自然状态画出。对于接触器、电磁式继电器，是按电磁线圈未通电时的触头状态画出；对于控制按钮、行程开关的触头，是按不受外力作用时的状态画出；对于断路器和开关电器触头，是按断开状态画出。当电气触头的图形符号垂直放置时，以“左开右闭”原则绘制，即垂线左侧的触头为常开触头，垂线右侧的触头为常闭触头；当符号为水平放置时，以“上闭下开”原则绘制，即在水平线上方的触头为常闭触头，水平线下方的触头为常开触头。

（4）导线的画法

电气原理图中，对于有直接电联系的交叉导线连接点，用小黑点表示；对于没有直接电联系的交叉导线连接点，则不画小黑点。当两条连接线 T 形相交时，画不画小黑点均表示有直接电联系。

二、电气接线图

接线图是根据电气设备和电气元件的实际位置和安装情况绘制的，用来表示电气设备和电气元件的位置、配线方式和接线方式的图形，主要用于安装接线、线路的检查维修和故障处理。电气接线图的绘制原则是：

① 接线图中一般示出如下内容：电气设备和电气元件的相对位置、文字符号、端子号、导线号、导线类型、导线截面积、屏蔽和导线绞合等。

② 所有的电气设备和电气元件都按其所在的实际位置绘制在图样上，各电气元器件的图形符号和文字符号必须与电气原理图一致，并符合国家标准。同一电器的各元器件根据其实际结构画在一起，并用点画线框上。

③ 各电气元器件上凡是需接线的部件端子都应绘出，并予以编号；各接线端子的编号必须与电气原理图上的导线编号相一致，以便对照检查线路。

④ 接线图中的导线有单根导线、导线组、电缆等之分，可用连续线和中断线来表示。走向相同的可以合并，用线束来表示，到达接线端子或电气元件的连接点时再分别画出。另外，导线及管子的型号、根数和规格应标注清楚。

三、电气布置图

布置图是根据电气元件在控制板上的实际安装位置，采用简化的外形符号（如正方形、矩形、圆形等）而绘制的一种简图。它不表达各电器的具体结构、作用、接线情况以及工作原理，主要用于电气元件的布置和安装。图中各电器的文字符号必须与电路图和接线图的标注相一致。一般情况下，电气布置图是与电气接线图组合在一起使用的，既起到电气接线图的作用，又能清晰地表示出所用电器的实际安装位置。

布置图的绘制原则、方法以及注意事项如下：

① 体积大和较重的电气元件应安装在电气安装板的下方，而发热元件应安装在电气安装板的上面。

② 强电、弱电应分开，弱电应屏蔽，防止外界干扰。

③ 需要经常维护、检修、调整的电气元件安装位置不宜过高或过低。

④ 电气元件的布置应整齐、美观、对称。外形尺寸与结构类似的电器安装在一起，以利于安装和配线。电气元件的布置不宜过密，应留有一定间距，以利于布线和维修。

制药压片机的电气布置图如图 2-16 所示。

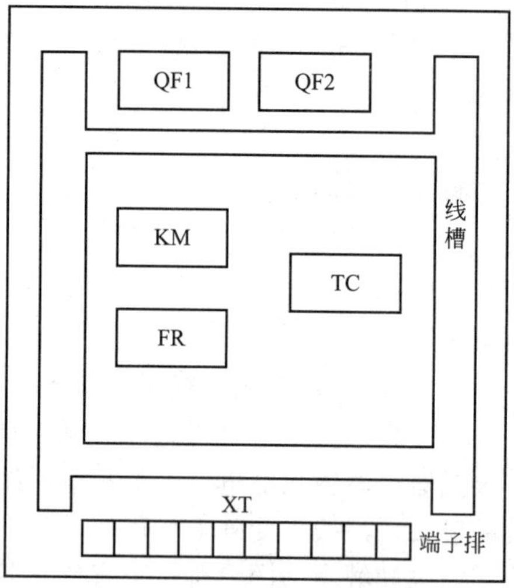

图 2-16 制药压片机的电气布置图

四、线号的标注原则和方法

1. 主电路线号的标注

主电路在电源开关的出线端按相序依次编号为 U11、V11、W11，然后按从上至下、从左至右的顺序，每经过一个电气元件后，编号要递增，如 U12、V12、W12，U13、V13、W13 等。单台三相交流电动机（或设备）的三根引出线按相序依次编号为 U、V、W。对于多台电动机引出线的编号，为了不致引起误解和混淆，可在字母前用不同的数字加以区别，如 1U、1V、1W，2U、2V、2W 等。

2. 辅助电路线号的标注

辅助电路的接线端采用阿拉伯数字编号，一般由 3 位或 3 位以下的数字组成。标注方法按“等电位”原则进行，在垂直绘制的电路中，一般按由上至下、从左至右的顺序用数字依次编号。每经过一个电气元件后，编号都要依次递增。控制电路编号的起始数字是 1，其他辅助电路编号的起始数字依次递增 100，如指示电路编号的起始数字从 101 开始，照明电路编号的起始数字从 201 开始。

线号的标注案例如图 2-17 所示。

五、三相异步电动机的基本控制电路

设备的电气原理图不管多么复杂，都是由一些实现简单功能的电气线路有机组合而成的，这些实现简单功能的电气线路称为电气基本控制线路。熟练掌握这些基本控制线路的工作原理是掌握复杂设备及其控制电路工作原理的基础。基本的电气控制线路有点动、自锁、多地、顺序、正反转、时间、降压启动、位置和制动等控制方式。

电动机在使用过程中由于种种原因可能会出现一些异常情况，如电源电压过低、电动机电流过大、电动机定子绕组相间短路或电动机绕组与外壳短路等，如不及时切断电源则可能会给设备或人身带来危险，因此必须采取保护措施。常用的保护环节有短路保护、过载保护、零压保护和欠压保护等，可采取相应的电器安装在线路中实现各种保护功能。

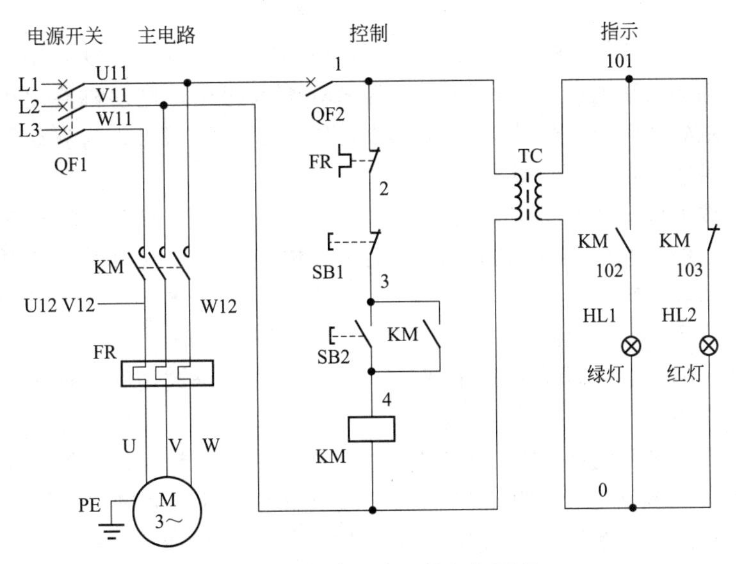

图 2-17　制药压片机的电气原理

1. 点动控制

点动控制是指按下启动按钮，三相异步电动机得电启动运转，松开启动按钮电动机失电停转。点动控制线路如图 2-18 所示。

合上断路器 QF，按下按钮 SB，接触器 KM 线圈通电，衔铁吸合，常开主触点接通，电动机接入三相电源启动运转；松开按钮 SB，接触器 KM 线圈断电，衔铁松开，常开主触点断开，电动机因断电而停转。

2. 自锁控制

自锁控制线路如图 2-19 所示。

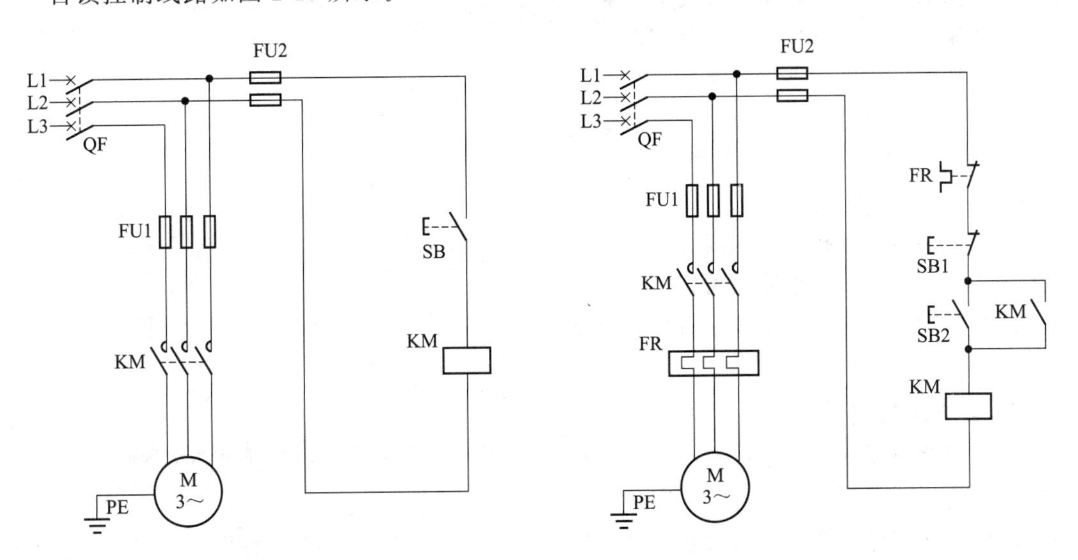

图 2-18　点动控制电气原理

图 2-19　自锁控制电气原理

启动过程：按下启动按钮 SB2，接触器 KM 线圈通电，与 SB2 并联的 KM 的辅助常开触点闭合，以保证松开按钮 SB2 后 KM 线圈持续通电，串联在电动机回路中的 KM 的主触点持续闭合，电动机连续运转，从而实现连续运转控制。

当松开SB2，其常开触头恢复分断后，因为接触器的常开辅助触头KM闭合时已将SB2短接，控制电路仍保持接通状态，所以接触器KM继续得电，电动机持续运转。这种松开启动按钮后，接触器能够自己保持得电的作用叫作自锁（或自保），与启动按钮并联的接触器辅助常开触头叫作自锁触头（或自保触头）。

停止过程：按下停止按钮SB1，接触器KM线圈断电，与SB2并联的KM的辅助常开触点断开，以保证松开按钮SB1后KM线圈持续失电，串联在电动机回路中的KM的主触点持续断开，电动机停转。

自锁控制电路还可实现短路保护、过载保护和零压保护。

起短路保护作用的是熔断器FU1和FU2。FU1对主电路起短路保护作用，FU2对控制电路起短路保护作用。

起过载保护的是热继电器FR。当过载时，热继电器的发热元件发热，将其常闭触点断开，使接触器KM线圈断电，串联在电动机主回路中的接触器KM的主触点断开，电动机停转。同时KM辅助触点也断开，解除自锁。故障排除后若要重新启动，按下FR的复位按钮，使FR的常闭触点复位（闭合）即可。

起零压（或欠压）保护的是接触器KM本身。当电源暂时断电或电压严重下降时，接触器KM线圈的电磁吸力不足，衔铁自行释放，使主、辅触点自行复位，切断电源，电动机停转，同时解除自锁。

3. 多地控制

能在两地或多地控制同一台电动机的控制方式叫电动机的多地控制。多地控制线路如图2-20所示。

其中，SB甲2、SB甲1为安装在甲地的启动按钮和停止按钮；SB乙2、SB乙1为安装在乙地的启动按钮和停止按钮。两地的启动按钮SB甲2、SB乙2要并联接在一起；停止按钮SB甲1、SB乙1要串联接在一起。这样就可以分别在甲、乙两地启动和停止同一台电动机了，可达到操作方便的目的。

对于三地或多地控制，只要把各地的启动按钮并联、停止按钮串联就可以实现了。

接线原则：所有的启动按钮并联，所有的停止按钮串联。

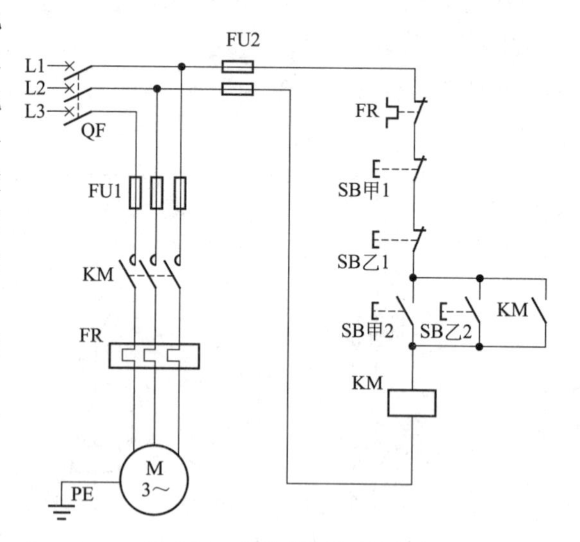

图2-20　多地控制电气原理

4. 顺序控制

在装有多台电动机的生产机械中，各电动机所起的作用是不同的，有时需要按一定顺序动作，才能保证整个工作过程的合理性和可靠性。例如，X62W型万能铣床上要求主轴电动机启动后，进给电动机才能启动；M7120型平面磨床中，要求砂轮电动机启动后，冷却泵电动机才能启动等。这种只有当一台电动机启动后，另一台电动机才允许启动的控制方式，称为电动机的顺序控制。

（1）多台电动机先后顺序工作的控制

在生产机械中，有时要求一个控制系统中多台电动机实现先后顺序启动工作，例如机床中要求润滑电动机启动后，主轴电动机才能启动。其控制电路如图 2-21 所示。

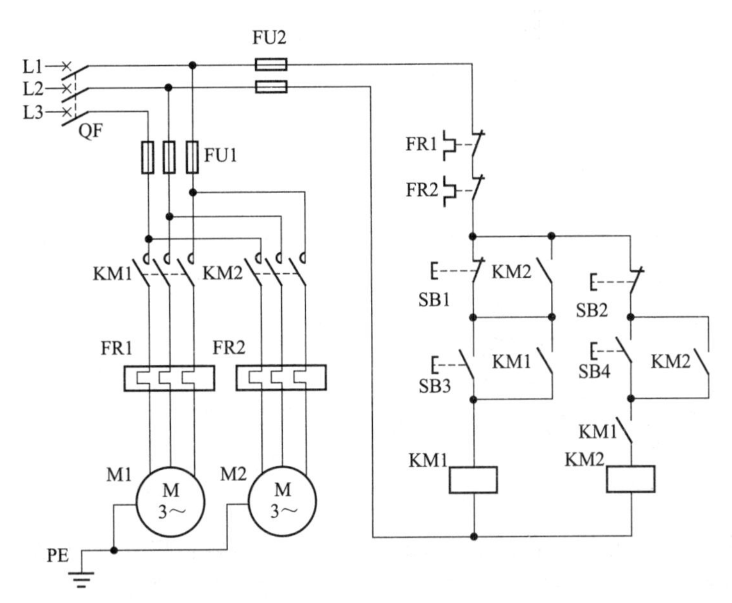

图 2-21 多台电动机先后顺序工作的电气原理

上述控制线路可实现 M1→M2 的顺序启动、M2→M1 的顺序停止控制。

① 顺序启动控制分析 按下启动按钮 SB3，接触器 KM1 线圈得电实现自锁，电动机 M1 启动运转，与接触器 KM2 线圈串联的 KM1 常开触点闭合，为接触器 KM2 线圈得电提供条件。按下按钮 SB4，接触器 KM2 线圈得电实现自锁，电动机 M2 启动运转。由此可见，需要电动机 M1 先启动，M2 才能启动。

② 顺序停止控制分析 先按下停止按钮 SB2，接触器 KM2 线圈失电解除自锁，电动机 M2 停止运转，同时与 SB1 常闭按钮并联的 KM2 辅助常开触点断开；然后再去按停止按钮 SB1，接触器 KM1 线圈才能失电解除自锁，电动机 M1 才能停止运转。所以，停止顺序为 M2→M1。

（2）利用时间继电器实现顺序启动控制

在生产机械中，有时要求一个控制系统中一台电动机 M1 启动 t(s) 后，电动机 M2 才自动启动，可利用时间继电器的延时功能来实现，如图 2-22 所示。

按下启动按钮 SB2，接触器 KM1 线圈得电实现自锁，电动机 M1 启动运转，同时与接触器 KM1 线圈并联的时间继电器 KT 线圈得电开始计时。延时 t(s) 后，时间继电器 KT 的延时常开触点闭合，接触器 KM2 线圈得电自锁，电动机 M2 自动启动，接触器 KM2 的辅助常闭触点分断，时间继电器 KT 线圈失电，延时常开触点恢复原状态分断。

5. 正反转控制

有些生产机械常要求三相异步电动机可以正反两个方向旋转。由电动机原理可知，只要把通入电动机的电源线中任意两根对调，即相序改变，电动机便反转。

（1）带电气联锁的正反转控制电路

将接触器 KM1 的辅助常闭触点串入 KM2 的线圈回路中，从而保证在 KM1 线圈通电时

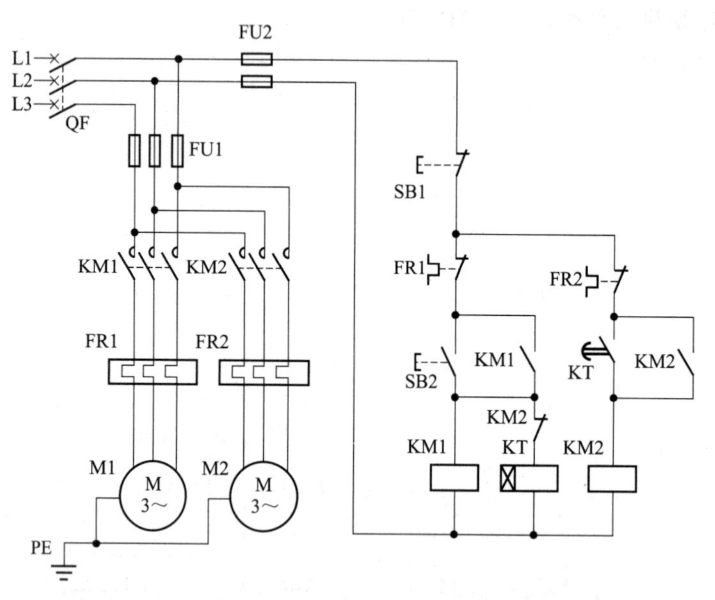

图 2-22 采用时间继电器的顺序启动控制电气原理

KM2 的线圈回路总是断开的；将接触器 KM2 的辅助常闭触点串入 KM1 的线圈回路中，从而保证在 KM2 线圈通电时 KM1 的线圈回路总是断开的。这样接触器的辅助常闭触点 KM1 和 KM2 保证了两个接触器线圈不能同时通电，这种控制方式称为联锁或者互锁，这两个辅助常闭触点称为联锁或者互锁触点。电动机正反转控制原理如图 2-23 所示。按钮 SB1 启动电动机正转，按钮 SB2 启动电动机反转，SB3 为停止按钮。

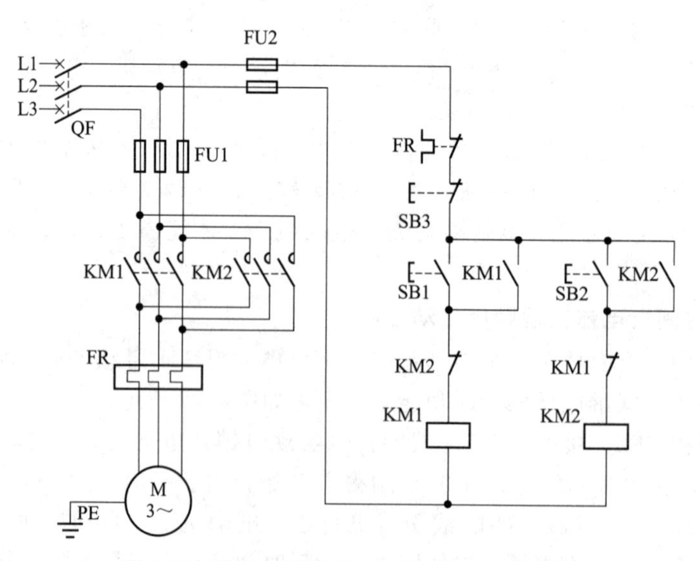

图 2-23 带电气联锁的正反转控制电气原理

正转启动过程：

按下 SB1→KM1 线圈得电→{KM1 自锁触头闭合自锁；KM1 主触头闭合}→电动机 M 启动连续正转；KM1 联锁触头分断对 KM2 联锁

停止过程：

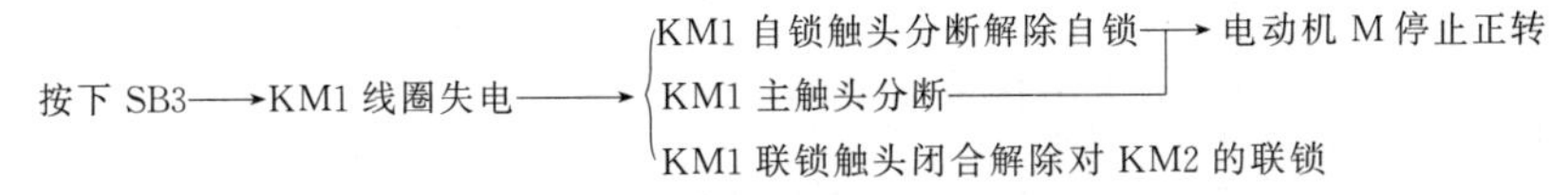

反转启动过程：

按下 SB2→KM2 线圈得电→
KM2 自锁触头闭合自锁→电动机 M 启动连续反转
KM2 主触头闭合
KM2 联锁触头分断对 KM1 联锁

存在的问题：电路在具体操作时，若电动机处于正转状态要反转时，先去按下反转启动按钮 SB2，电动机不会反转，也不存在主电路短路的危险，因此必须先按停止按钮 SB3，使联锁触点 KM1 恢复闭合后，再按下反转启动按钮 SB2 才能使电动机反转；同理，若电动机处于反转状态要正转时必须先按停止按钮 SB3，使联锁触点 KM2 恢复闭合后，再按下正转启动按钮 SB1 才能使电动机正转。

（2）同时具有电气联锁和机械联锁的正反转控制电路

如图 2-24 所示，按钮 SB1 启动电动机正转，按钮 SB2 启动电动机反转，SB3 为总停按钮。

采用复式按钮，将 SB1 按钮的常闭触点串接在 KM2 的线圈电路中，将 SB2 的常闭触点串接在 KM1 的线圈电路中，这样无论何时，只要按下正转启动按钮，在 KM1 线圈通电之前就首先使 KM2 线圈断电，从而保证了接触器线圈 KM1 和 KM2 不同时通电；从反转到正转的情况也是一样的。这种由机械按钮实现的联锁也叫机械联锁或按钮联锁（互锁），这样就克服了接触器联锁正反转控制线路的不足。在接触器联锁的基础上，又增加了按钮联锁，构成了按钮、接触器双重联锁正反转控制线路，其控制原理如图 2-24 所示。

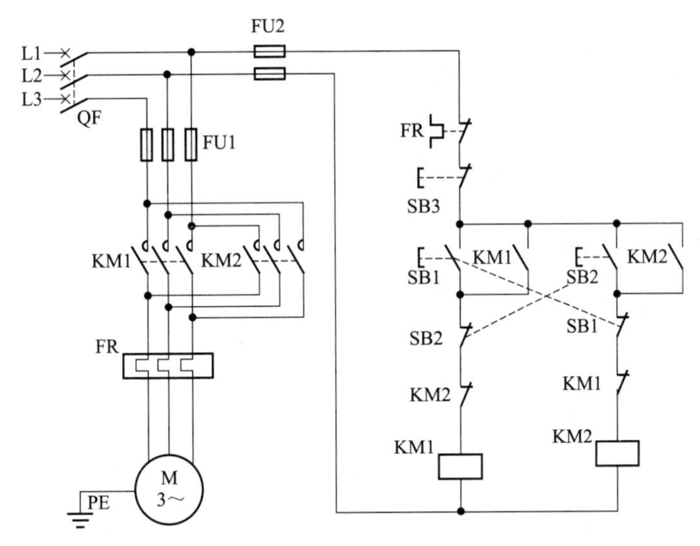

图 2-24 双重联锁的电动机正反转控制电气原理

正转启动过程：

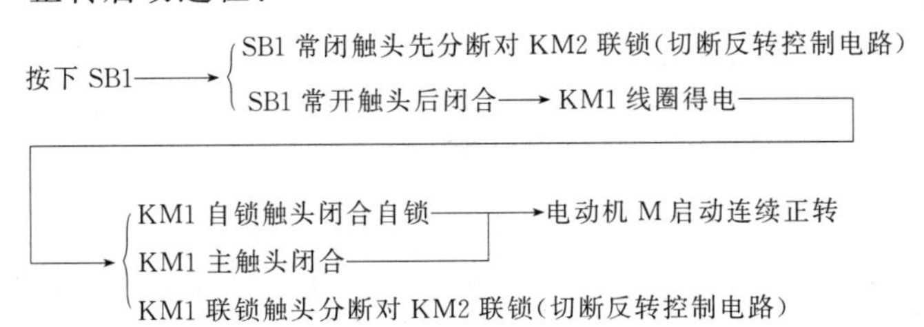

反转启动过程：

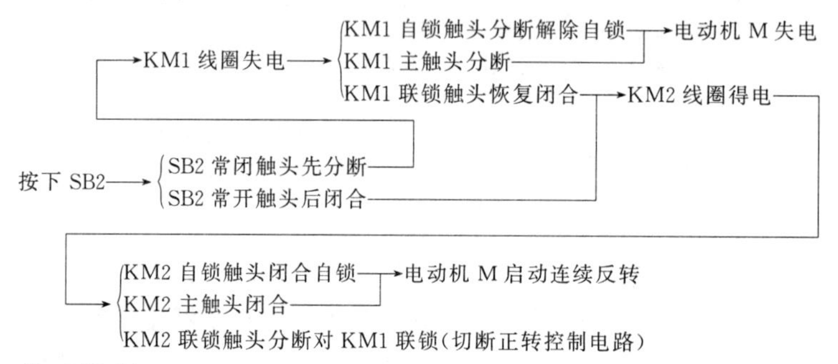

停止控制：

若要停止，按下 SB3 即可，整个控制电路失电，主触头分断，电动机 M 失电停止转动。

6. 自动往返控制

在生产过程中，有些生产机械运动部件的行程或位置要受到限制，或者需要运动部件在一定范围内自动往返循环等，如电梯、自动往返运料车、各种自动或半自动控制机床设备中就经常有这种控制要求。位置控制就是利用生产机械运动部件上的挡铁与行程开关碰撞，使其触点动作，来接通或分断电路，以实现对生产机械运动部件的位置或行程进行控制的方式。如图 2-25 所示为工作台自动往返行程控制线路，图 2-26 为工作台往返示意图。图中 SQ1、SQ2、SQ3、SQ4 为行程开关，按要求安装在机床床身固定的位置。其中使用 SQ1、SQ2 自动切换电动机的正反转控制电路，使用 SQ3、SQ4 作为工作台的终端保护，防止行程开关 SQ1、SQ2 失灵时工作台超过限定位置而造成事故。在工作台的梯形槽中装有挡铁，当挡铁碰撞行程开关后，能使工作台停止和换向，工作台就能实现往返运动。工作台的行程可通过移动挡铁位置来调节，以适应加工不同的工件。

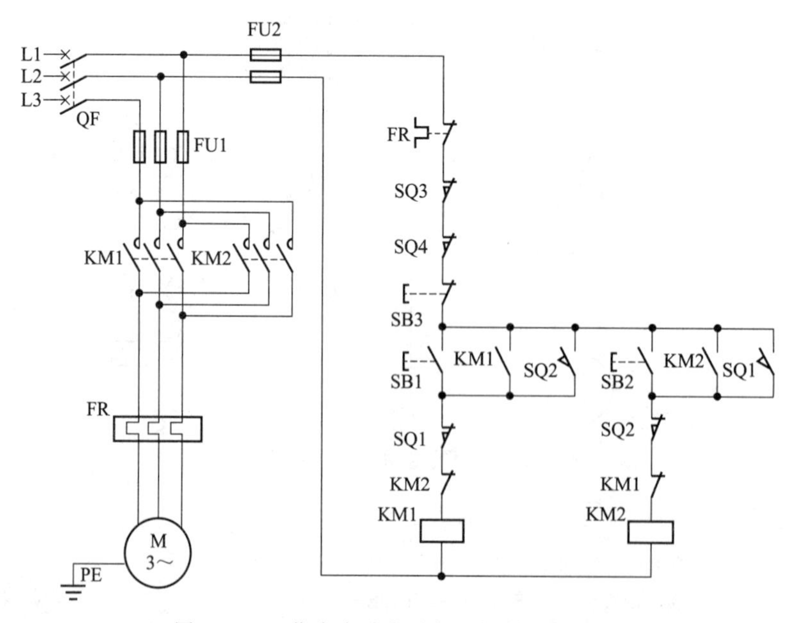

图 2-25 工作台自动往返行程控制电气原理

该线路的工作原理简述如下：

合上电源开关 QF→按下启动按钮 SB1→接触器 KM1 通电→电动机 M 正转→工作台向

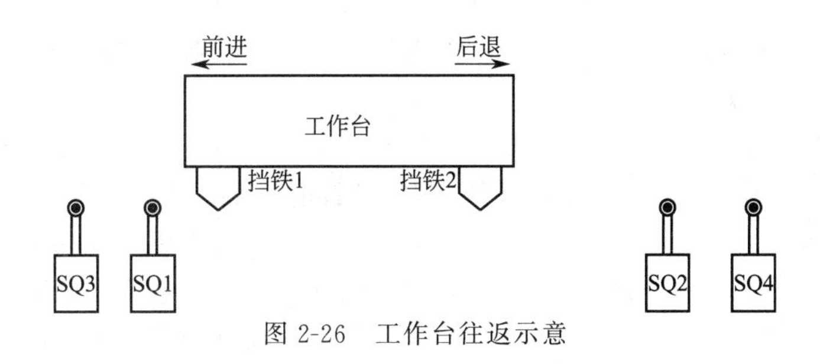

图 2-26 工作台往返示意

前→工作台前进到一定位置，挡铁 1 碰撞限位开关 SQ1→SQ1 常闭触点断开→KM1 线圈断电→电动机 M 停止正转，工作台停止向前。SQ1 常开触点闭合→KM2 线圈通电→电动机 M 改变电源相序而反转，工作台向后→工作台后退到一定位置，挡铁 2 碰撞限位开关 SQ2→SQ2 常闭触点断开→KM2 线圈断电→M 停止后退。SQ2 常开触点闭合→KM1 线圈通电→电动机 M 又正转，工作台又前进，如此往复循环工作，直至按下停止按钮 SB3→KM1（或 KM2）线圈断电→电动机停止转动。

SQ3、SQ4 分别为正、反向终端保护限位开关，防止行程开关 SQ1、SQ2 失灵时造成工作台从机床上冲出的事故。工作台的行程可通过移动挡铁位置来调节，拉开两块挡铁间的距离，行程变短，反之则变长。

7. Y-△降压启动控制

Y-△降压启动是指电动机启动时，把定子绕组接成 Y 形，以降低启动电压，限制启动电流；待电动机启动后，再把定子绕组改接成△形，使电动机全压运行。Y-△降压启动只能用于正常运行时定子绕组作三角形连接的异步电动机。电动机启动时接成星形，加在每一相定子绕组的启动电压只有三角形接法的 $1/\sqrt{3}$，启动电流是三角形接法的 1/3，启动转矩也只有三角形接法的 1/3，所以 Y-△降压启动只适用于轻载或空载下启动。

通过时间继电器自动控制 Y-△降压启动的电路如图 2-27 所示。该线路由三个接触器、

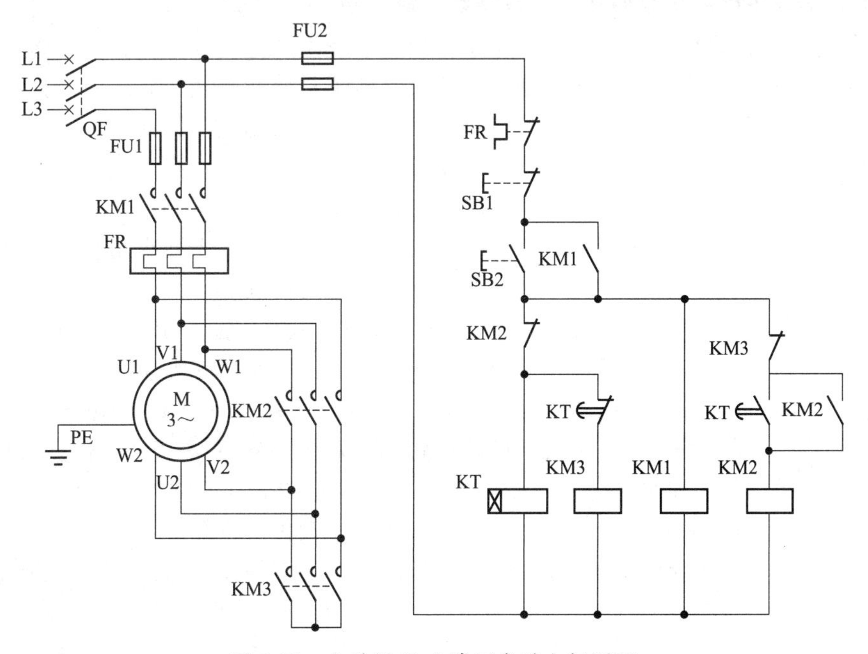

图 2-27 电动机 Y-△降压启动电气原理

一个热继电器、一个时间继电器和两个按钮组成。时间继电器KT用来控制Y形降压启动时间和完成Y-△自动切换。

线路的工作原理如下：

先合上电源开关QF，再按下启动按钮SB2，时间继电器KT、接触器KM1和KM3同时通电吸合，时间继电器KT开始计时，KM1的一对常开辅助触点闭合进行自锁，KM1和KM3的常开主触点闭合，电动机在星形连接下启动；同时KM3的一对辅助常闭触点分断对KM2线圈线路进行互锁，防止KM2主触点闭合发生短路事故。经一定延时，KT的常闭延时触点断开，KM3断电复位，KT的常开延时闭合触点接通，接触器KM2通电吸合，KM2的常开主触点将定子绕组接成三角形，使电动机在额定电压下正常运行；同时KM2的一对辅助常闭触点分断对KM3线圈线路进行互锁，防止KM3主触点闭合发生短路事故。若要停车，则按下停止按钮SB1，接触器KM1、KM2同时断电释放，电动机脱离电源停止转动。

8. 制动控制

在生产过程中，有些生产机械往往要求三相异步电动机快速、准确地停车，而电动机在脱离电源后由于机械惯性完全停车需要一段时间，这就要求对三相异步电动机采取有效措施进行制动。三相异步电动机制动分两大类：机械制动和电气制动。

机械制动是在三相异步电动机断电后利用机械装置对其转轴施加相反的制动力矩来进行制动。机械制动通常利用电磁抱闸制动器来实现。电动机启动时，电磁抱闸线圈同时通电，电磁铁吸合，使抱闸松开；电动机断电时，抱闸线圈同时断电，电磁铁释放，在弹簧作用下，抱闸把电动机同轴的制动轮紧紧抱住，实现制动。起重机广泛采用这种方法进行制动。

电气制动是使三相异步电动机产生一个与转子原来的实际旋转方向相反的电磁制动力矩来进行制动。常用的电气制动有反接制动和能耗制动等。下面只简单讲述反接制动和能耗制动。

（1）三相异步电动机单向运行反接制动控制电路

反接制动是通过改变电动机电源的相序，使定子绕组产生相反方向的旋转磁场，从而产生制动转矩的一种制动方法。反接制动刚开始时，转子与旋转磁场的相对速度接近于两倍的同步转速，所以定子绕组流过的制动电流相当于全压直接启动电流的两倍，因此，反接制动的特点是制动迅速、效果好，但冲击大。故反接制动一般用于电动机需快速停车的场合。为了减小冲击电流，通常要求在电动机主电路中串接一定的电阻以限制反接制动电流。反接制动电阻的接线方法有对称和不对称两种接法。对反接制动的另一个要求是在电动机转速接近于零时，必须及时切断反相序电源，以防止电动机反向再启动。

如图2-28所示为三相异步电动机单向运行反接制动电路。图中KM1为电动机单向旋转接触器，KM2为反接制动接触器，制动时在电动机三相中串入制动电阻。用速度继电器来检测电动机转速，假设速度继电器的动作值为120r/min，释放值为100r/min。

① 启动过程　合上开关QF，按下启动按钮SB2，接触器KM1线圈得电实现自锁，电动机M启动运转；其转速很快上升至120r/min，速度继电器KS常开触点闭合。电动机正常运转时，此对触点一直保持闭合状态，为进行反接制动做好准备。

② 停止过程　当需要停车时，按下停止按钮SB1，其常闭触点先断开，使接触器KM1线圈失电解除自锁，主触头分断，电动机脱离正相序电源；然后SB1常开触点闭合，接触器KM2得电自锁，主触点闭合，电动机定子绕组串入反相序电源进行反接制动，使电动机转速迅速下降。当电动机转速下降至100r/min时，KS常开触点断开，使KM2断电解除自

锁，电动机断开电源后自行停车。

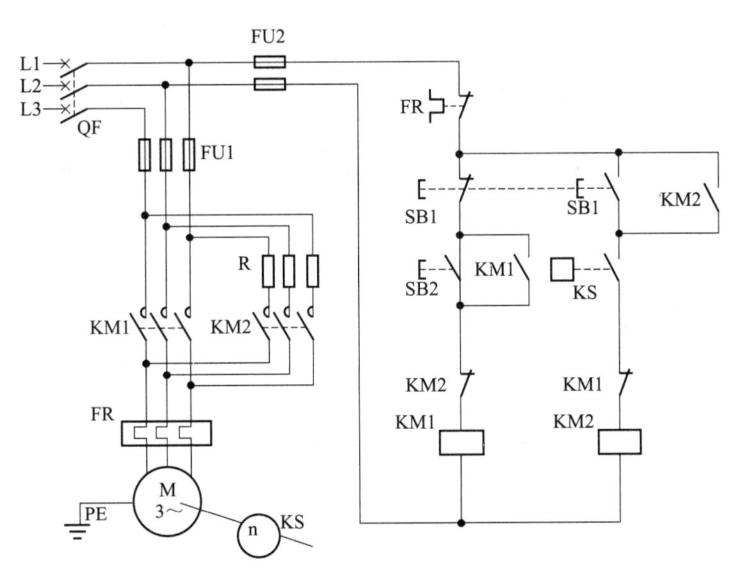

图 2-28　三相异步电动机单向运行反接制动控制电气原理

（2）三相异步电动机单向运行能耗制动控制电路

能耗制动是使运转的三相异步电动机脱离三相交流电源的同时，给定子绕组加一直流电源，以产生一个静止磁场，利用转子感应电流与静止磁场的作用，产生反向电磁力矩而制动。能耗制动时制动力矩的大小与转速有关，转速越高，制动力矩越大，随转速的降低制动力矩也下降，当转速为零时，制动力矩消失。

图 2-29 中主电路在进行能耗制动时，所需的直流电源由四个二极管组成单相桥式整流电路通过接触器 KM2 引入，交流电源与直流电源的切换由 KM1 和 KM2 来完成，制动时间由时间继电器 KT 决定。

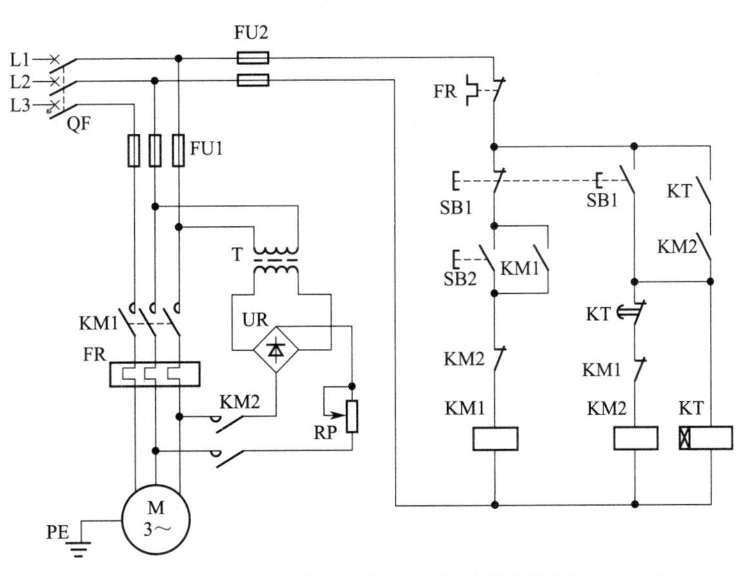

图 2-29　三相异步电动机单向运行能耗制动控制电气原理

① 启动过程　合上开关 QF，按下启动按钮 SB2，接触器 KM1 线圈得电实现自锁，电动机 M 启动运转。

② 停止过程　当需要停车时，按下停止按钮 SB1，其常闭触点先断开，使接触器 KM1 线圈失电解除自锁，主触头分断，电动机脱离三相交流电源；随后 SB1 常开触点闭合，使 KM2 线圈通电自锁，主触点闭合，同时时间继电器得电，其常开触点闭合。交流电源经整流后由限流电阻向电动机提供直流电源，在电动机转子上产生一制动转矩，使电动机的转速迅速下降。当电动机的速度接近零时，KT 延时结束，其延时常闭触点断开，使 KM2、KT 线圈相继断电释放。主回路中，KM2 主触点断开，切断直流电源，直流制动结束。

任务三
电动机点动、自锁和延时控制线路的安装与调试

工作任务

完成电动机点动、自锁和延时控制线路的安装与调试。

任务目标

1. 掌握电气控制线路的故障检修方法。
2. 熟练运用万用表对所装配的电气线路参数进行检测及故障维修。
3. 完成电动机点动、自锁和延时控制线路的安装与调试。
4. 养成严谨求实的工作态度和电气安装标准规范意识。

任务实施

一、电气控制线路的故障检修方法

随着科学技术的不断发展，各行各业机械化、自动化的程度大大提高，各类驱动用电动机及各类电器应用越来越多，保证这些电气设备合理使用、正常运转是极其重要的。然而，电气控制线路出现故障是不可避免的，因此，只有及时、准确地排除各种设备的电气故障，才能充分发挥设备的作用，否则，将直接影响设备的利用率和生产的发展。

1. 熟悉设备说明书

设备一般都配备说明书。设备说明书由机械与电气两部分组成，平时在设备操作、维护与保养中要熟悉这两部分内容。主要掌握以下内容：

（1）设备机械部分

① 设备的结构组成及工作原理、设备传动系统的类型及驱动方式、主要技术性能及规格和运动要求等。

② 电气传动方式，电动机、执行器的数目、规格型号、安装位置、用途及控制要求。

③ 设备的使用方法，各操作手柄、开关、旋钮、指示装置的布置以及在控制线路中的作用。

④ 与机械、液压部分直接关联的电器（行程开关、电磁阀、电磁离合器、传感器等）的位置、工作状态及与机械、液压部分的关系，在控制中的作用等。

（2）电气控制原理图

电气控制原理图是设备电气控制系统故障分析的中心内容。电气控制原理图由主电路、控制电路、辅助电路、保护及联锁环节以及特殊控制电路等部分组成。在分析电气原理图时，必须与阅读其他技术资料结合起来。例如，各种电动机及执行元器件的控制方式、位置及作用，各种与机械有关的位置开关、主令电器的状态等。

2. 常见设备电气故障

设备电气故障一般可分为自然故障和人为故障两类。自然故障是由于电气设备运行过载、振动或金属屑、油污侵入等原因引起的，造成设备电气绝缘性能下降，易发生短路故障。人为故障是由于在维修电气故障时没有找到真正的原因或操作不当，不合理地更换元件或改动线路，或者在安装线路时布线错误等原因引起的。

电气控制系统的故障，最终表现为电动机不能正常运行，常见的有下列几种情况。

（1）电动机不能启动

其可能的原因有：

① 主电路或控制电路的熔体熔断。

② 热继电器动作后尚未复位。

③ 控制电路中按钮和继电器的触头不能正常闭合，接触器线圈内部断线或连接导线脱落。

④ 主电路中接触器的主触头因衔铁被卡住而不能闭合或连接导线脱落等。

⑤ 启动时工作负载太重。

（2）电动机在启动时发出嗡嗡声

这是由于电动机缺相运转导致电流过大而引起的，应立即切断电源，否则电动机会烧坏。造成缺相的可能原因有：

① 有一相熔体熔断。

② 接触器的三对主触头不能同时闭合。

③ 某相接头处接触不良，导线接头处有氧化物、油垢，或连接螺钉未旋紧等。

④ 电源线有一相内部断线。

（3）电动机运行时不能自锁

在电动机自锁控制方式中，若按下启动按钮，电动机能运转，而松开按钮后，电动机就停转。这种现象称为不能自锁，是由于接触器的自锁触头不能保持闭合或连接导线松脱断裂等引起的。

（4）按下停止按钮后电动机不能停车

电动机及其带动的工作机械不能停车是十分危险的，必须立即断开电源开关，迫使电动机断电停转。这种情况一般是由于过载造成接触器主触头烧焊而引起的。

（5）电动机温升过高

电动机温升过高会损坏绕组绝缘而缩短电动机的寿命。产生这种情况的原因有负载过重，电动机通风条件差或轴承油封损坏，因漏油而润滑不良等。

3. 设备故障维修方法

电气控制线路的形式很多，复杂程度不一，其故障常常和机械系统的故障交错在一起，难以分辨。这就要求我们要善于学习，善于总结经验，弄懂原理，找出规律，掌握正确的维修方法，就一定能迅速准确地排除故障。

维修人员检修设备故障时一般按照先询问再动手、先外部后内部、先机械后电气、先电源后设备的顺序进行。下面介绍设备电气故障的一般检修步骤和方法。

（1）观察法

观察法是根据电器故障的外部表现，通过看、闻、听等手段，检查、判断故障的方法。

① 调查情况　首先应向操作者了解故障发生前后的情况，以利于根据电气设备的工作原理来分析发生故障的原因。一般询问的内容有：故障是发生在开车前、开车后，还是发生在运行中，是运行中自行停车，还是发现异常情况后由操作者停下来的；发生故障时，机床工作在什么工作顺序，按动了哪个按钮，扳动了哪个开关；故障发生前后，设备有无异常现象，如响声、气味、冒烟或冒火等；以前是否发生过类似的故障，是怎样处理的等。看有关电器外部有无损坏，连线有无断路、松动，绝缘有无烧焦，螺旋熔断器的熔断指示器是否跳出，电器有无进水、油垢，开关位置是否正确等。

② 断电检修　先进行断电检修。根据调查结果，参考该电气设备的电气原理图进行分析，初步判断出故障产生的部位，然后逐步缩小故障范围，直至找到故障点并加以消除。

③ 试车检查　做断电检查仍未找到故障时，确认不会使故障进一步扩大和造成人身、设备事故后，可进一步试车检查。试车中要注意有无严重跳火、异常气味、异常声音等现象，一经发现应立即停车，切断电源。注意检查电器的温升及电器的动作程序是否符合电气设备原理图的要求，从而发现故障部位。

在通电检查时要尽量使电动机和其所传动的机械部分脱开，然后用万用表检查电源电压是否正常，有无缺相或严重不平衡，再通电进行检查，检查的顺序为：先检查控制线路，后检查主线路；先检查辅助系统，后检查主传动系统；先检查交流系统，后检查直流系统，直至查到发生故障的部位。

（2）电压测量法

电压测量法是指利用万用表测量设备电气线路上某两点间的电压值来判断故障点的范围或故障元件的方法。

在维修检测电子电器设备的各种方法中，电压测量法是其中最常用、最基本的方法。电压测量法主要用于测量设备的主电路电气故障。需要注意的是要正确选择万用表的量程，及时调整量程，注意交直流的区别以免烧坏万用表。

电压测量法如图 2-30 所示。

先用万用表测试 1、5 两点，电压值为 380V，说明电源电压正常。

用万用表红、黑两表笔逐段测量相邻两标号点 1-2、2-3、3-4、4-5 间的电压。如电路正常，按 SB2 后，除 4-5 两点间的电压等于 380V 之外，其他任何相邻两点间的电压值均为零。

如按下启动按钮 SB2，接触器 KM 不吸合，说明发生断路故障，此时可用电压表逐段测试各相邻两点间的电压。如测量到某相邻两点间的电压为 380V 时，说明这两点间所包含的触点、连接导线接触不良或有断路故障。例如，标号 1-2 两点间的电压为 380V，说明热继电器 FR 的常闭触点接触不良。

（3）电阻测量法

电阻测量法是指利用万用表测量设备电气线路上某两点间的电阻值来判断故障点的范围

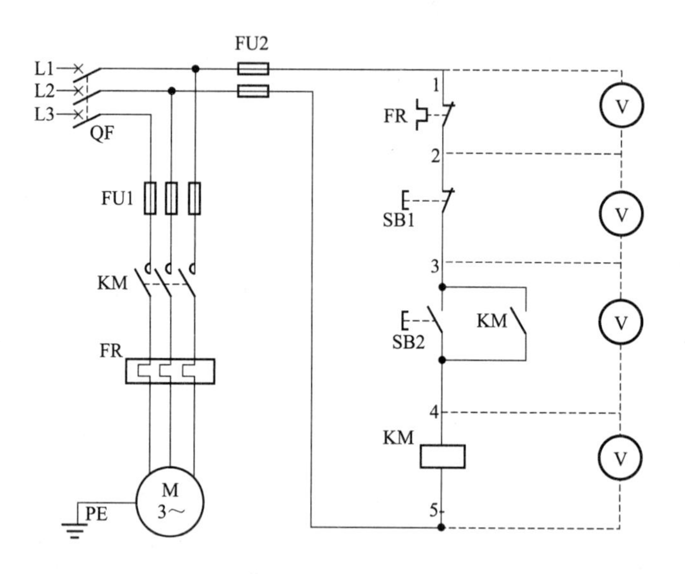

图 2-30　电压测量法

或故障元件的方法。

使用时特别应注意一定要切断设备电源，且被测电路没有其他支路并联。当测量到某相邻两点间的电阻值很大时，则可判断该两点间是故障点。

电阻测量法如图 2-31 所示。

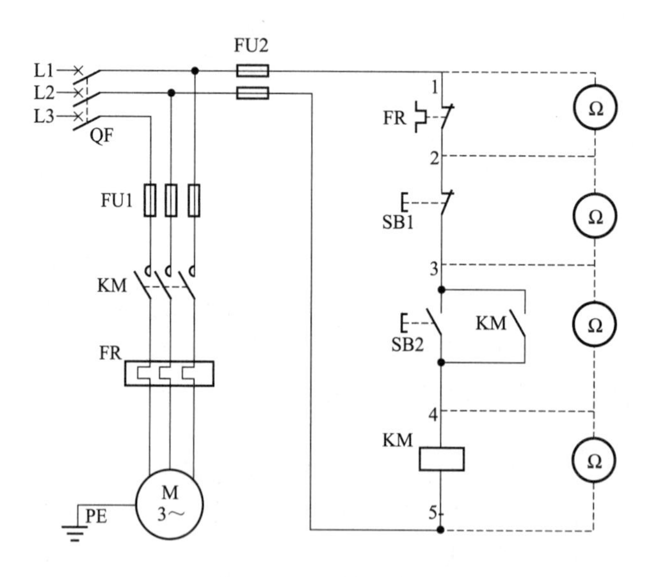

图 2-31　电阻测量法

检查时，先切断电源开关 QF，按下启动按钮 SB2，然后依次逐段测量相邻两标号点 1-2、2-3、3-4、4-5 间的电阻值。如测得某两点间的电阻为无穷大，说明这两点间的触点或连接导线断路。例如，当测得 2-3 两点间的电阻值为无穷大时，说明停止按钮 SB1 或连接 SB1 的导线断路。

设备电气控制线路故障的检修方法还有置换元件法、短接法等，学习者可参考其他维修书籍学习领会。

二、控制线路的安装与调试

1. 设备、工具及材料

（1）需要的设备

三相异步电动机一台。

（2）需要的工具

测电笔 、万用表、尖嘴钳、钢丝钳、剥线钳、电工刀、活扳手、手电钻、压接钳、手锯等。

（3）需要的材料

断路器、熔断器、交流接触器、热继电器、时间继电器、按钮；端子排、接线端子、线槽、异形号码管、螺钉；$0.5mm^2$、$1.5mm^2$、$2.5mm^2$ 铜线各若干米；电器安装板；绝缘手套。

2. 电气原理图

读懂图 2-32～图 2-34 电气原理图，根据原理图分别完成点动、自锁和延时控制线路的装配。

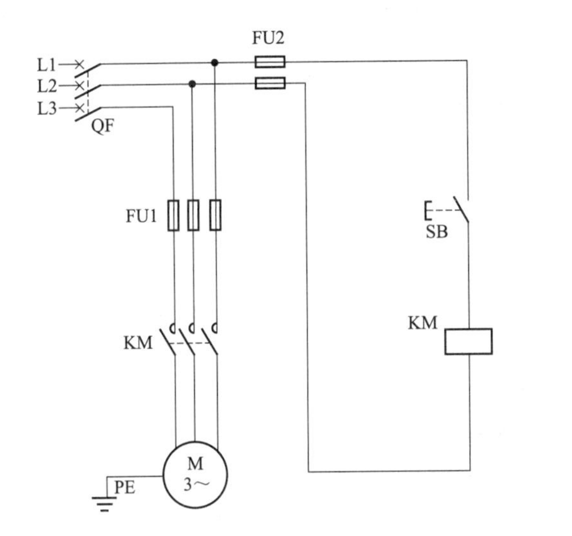

图 2-32　三相异步电动机点动控制电气原理

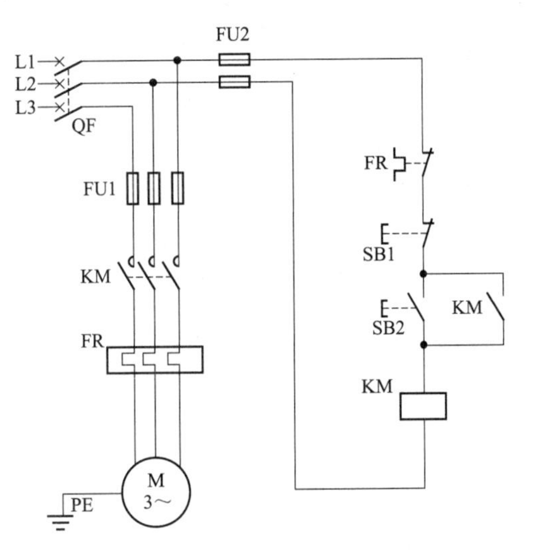

图 2-33　三相异步电动机自锁控制电气原理

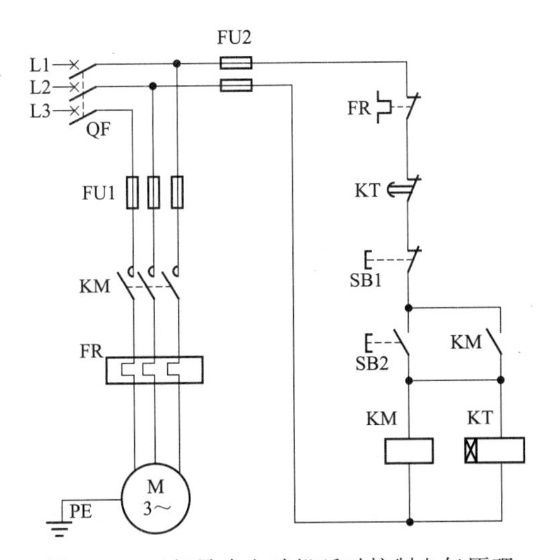

图 2-34　三相异步电动机延时控制电气原理

3. 项目评分标准

项目完成质量评分标准参照国家中级维修电工技能鉴定标准，如表 2-1 所示。

表 2-1 评分标准（1）

序号	主要内容	考核要求	评分标准	配分	扣分	得分
1	元件安装	按位置图固定元件	布局不均称每处扣 2 分；漏错装元件每件扣 5 分；安装不牢固每处扣 2 分，扣完为止	20		
2	布线	布线横平竖直；接线紧固美观；电源、电动机、按钮要接到端子排上，并有标号	布线不横平竖直每处扣 2 分；接线不紧固美观每处扣 2 分；接点松动、反圈、压绝缘层、标号漏错每处扣 2 分；损伤线芯或绝缘层、裸线过长每处扣 2 分；漏接地线扣 2 分，扣完为止	40		
3	通电试车	在保证人身和设备安全的前提下，通电试验一次成功	一次试车不成功扣 5 分；二次试车不成功扣 10 分；三次试车不成功扣 15 分，扣完为止	30		
4	安全文明生产	遵守操作规程	违反操作规程按情节轻重适当扣分	10		
备注			合计	100		
			教师签字			年 月 日

4. 项目报告

项目完成后，要求写出项目报告。报告应包含以下内容：

① 项目目的。

② 绘制三相异步电动机的点动、自锁和延时控制电路图。

③ 分析三相异步电动机延时控制的电路原理。

④ 简述三相异步电动机延时控制线路的装配过程。

思考讨论

光耀星空 精神永存

——两弹一星功勋奖章获得者郭永怀

郭永怀，力学家、应用数学家，1909 年 4 月 4 日生于山东荣成。1935 年毕业于北京大学物理系。1945 年获美国加州理工学院博士学位。1957 年被选聘为中国科学院学部委员（院士），是我国近代力学事业的奠基人和空气动力研究的开拓者，在跨声速流和奇异摄动理论方面的成就被国际公认。

新中国成立后，郭永怀毅然决然放弃了美国康乃尔大学教授的优厚待遇，冲破重重阻力，携妻挈女回到祖国，受到了党和政府及科技界的热烈欢迎，毛泽东主席亲自接见了他和他的家人。1958 年，郭永怀与钱学森等人负责筹建中国科学技术大学力学和力学工程系、化学物理系，将毕生所学贡献给了祖国的科研事业。

1968 年 12 月 5 日凌晨，郭永怀带着一份第二代导弹核武器的绝密资料，匆匆乘飞机从青海基地赶往北京，飞机不幸坠毁。找到遗体时，郭永怀与警卫员牟方东紧紧地抱在一起，费了很大力气才将他们分开，那个装有绝密资料的公文包就夹在俩人中间，数据资料完好无损。飞机失事的消息传到国务院，周恩来总理失声痛哭。郭永怀牺牲 22 天后，我国第一颗热核导弹成功试爆，氢弹的武器化得以实现。

1968年12月25日，中央授予他烈士称号，1999年被追授“两弹一星”功勋奖章，是该群体中唯一一位获得“烈士”称号的科学家。

2018年7月，国际小行星中心正式向国际社会发布公告，编号为212796号的小行星被永久命名为“郭永怀星”。

2016年10月16日，郭永怀事迹陈列馆在其家乡——山东荣成正式开馆。陈列馆现已成为开展社会主义核心价值观教育、爱国主义教育、党性教育的重要力量，凝聚起爱国爱党、敬业奉献的强大思想合力，激励着中国科技工作者攀登科学技术高峰，为实现中华民族伟大复兴的中国梦奋勇前进！

项目三
PLC对电动机的控制

项目导读

掌握PLC的结构、工作原理及作用；熟悉PLC指令及其编程应用；熟悉PLC对电动机的不同控制方式。

学习目标

1. 掌握PLC的结构、工作原理及作用。
2. 熟悉PLC的基本指令及其编程应用。
3. 熟悉PLC对电动机的点动控制、自锁控制、定时控制、顺序控制等基本控制方式。

项目实施

本项目共有九项任务，通过九项任务的完成，达到熟练使用PLC的目标。

任务一 PLC的认知

工作任务

掌握PLC的结构、工作原理及作用，熟悉S7-200的内存结构及寻址方式。

任务目标

1. 掌握PLC的结构、工作原理及作用。
2. 熟悉S7-200的内存结构及寻址方式。

任务实施

一、 PLC的定义、分类及特点

可编程控制器简称PLC（programmable logic controller），在1987年国际电工委员会颁布的PLC标准草案中对其做了如下定义：PLC是一种专门为在工业环境下应用而设计的数字运算操作的电子装置。它采用可以编制程序的存储器，用来在其内部存储执行逻辑运算、顺序运算、计时、计数和算术运算等操作的指令，并能通过数字式或模拟式的输入和输出，控制各种类型的机械或生产过程。PLC及其有关的外围设备都应该按易于与工业控制系统形成一个整体，易于扩展其功能的原则进行设计。

1. PLC的分类

按产地可分为日系、欧美系列、韩系、中国系列等。其中日系具有代表性的为三菱、欧姆龙、松下、光洋等；欧美系列具有代表性的为西门子、A-B、通用电气、德州仪表等；韩系具有代表性的为LG；中国系列具有代表性的为台达、和利时、浙江中控等。

按点数可分为大型机、中型机及小型机等。大型机一般I/O点数＞2048点，多CPU，16位/32位处理器，用户存储器容量8～16K，具有代表性的为西门子S7-400系列、通用公司的GE-Ⅳ系列等。中型机一般I/O点数为256～2048点，单/双CPU，用户存储器容量2～8K，具有代表性的为西门子S7-300系列、三菱Q系列等。小型机一般I/O点数＜256点，单CPU，8位或16位处理器，用户存储器容量4K以下，具有代表性的为西门子S7-200系列、三菱FX系列等。本书主要以西门子S7-200系列PLC为例讲解其应用。

按结构可分为整体式和模块式。整体式PLC是将电源、CPU、I/O接口等部件都集中装在一个机箱内，具有结构紧凑、体积小、价格低的特点，小型PLC一般采用这种整体式结构。模块式PLC由不同I/O点数的基本单元（又称主机）和扩展单元组成。基本单元内有 CPU、I/O 接口、与 I/O 扩展单元相连的扩展口，以及与编程器或 EPROM 写入器相连的接口等；扩展单元内只有 I/O 和电源等，没有 CPU。基本单元和扩展单元之间一般用扁平电缆连接。整体式 PLC 一般还可配备特殊功能单元，如模拟量单元、位置控制单元等，使其功能得以扩展。这种模块式 PLC 的特点是配置灵活，可根据需要选配不同规模的系统，而且装配方便，便于扩展和维修。大、中型 PLC 一般采用模块式结构。

2. PLC 的特点

（1）可靠性高，抗干扰能力强

高可靠性是电气控制设备的关键性能。PLC 由于采用了现代大规模集成电路技术，按照严格的生产工艺制造，其内部电路应用了先进的抗干扰技术，具有很高的可靠性。从 PLC 的机外电路来说，使用 PLC 构成控制系统，和同等规模的继电接触器系统相比，电气接线及开关接点减少到数百甚至数千分之一，故障率也就大大降低。此外，PLC 带有硬件故障自检测功能，出现故障时可及时发出警报信息。在应用软件中，应用者还可以编入外围器件的故障自诊断程序，使系统中除 PLC 以外的电路及设备也获得故障自诊断保护。

（2）配套齐全，功能完善，适用性强

PLC 发展到今天，已经形成了大、中、小各种规模的系列化产品，可以用于各种规模的工业控制场合。除了逻辑处理功能，现代 PLC 大多具有完善的数据运算能力，可用于各种数字控制领域。近年来，PLC 的功能单元大量涌现，使 PLC 渗透到了位置控制、温度控制等各种工业控制中。加上 PLC 通信能力的增强及人机界面技术的发展，使用 PLC 组成各种控制系统变得非常容易。

（3）易学易用，深受工程技术人员欢迎

PLC 作为通用工业控制计算机，是面向工矿企业的工控设备。其接口容易，编程语言易于被工程技术人员接受。梯形图语言的图形符号与表达方式和继电器电路图相当接近，只用 PLC 的少量开关量逻辑控制指令就可以方便地实现继电器电路的功能。

（4）系统的设计、建造工作量小，维护方便，容易改造

PLC 用存储逻辑代替接线逻辑，大大减少了控制设备外部的接线，使控制系统设计及建造的周期大为缩短，同时维护也变得容易起来。更重要的是可使同一设备通过改变程序来改变生产过程，很适合多品种、小批量的生产场合。

（5）体积小，重量轻，能耗低

以超小型 PLC 为例，新近出产的品种底部尺寸小于 100mm，质量小于 150g，功耗仅数瓦。由于体积小，PLC 很容易被装入机械内部，是实现机电一体化的理想控制设备。

3. PLC 的应用领域

目前，PLC 在国内外已广泛应用于钢铁、石油、化工、电力、建材、机械制造、汽车、轻纺、交通运输、环保及文化娱乐等行业，使用情况大致可归纳为如下几类。

（1）开关量的逻辑控制

这是 PLC 最基本、最广泛的应用领域。它取代了传统的继电器电路，实现了逻辑控制、顺序控制，既可用于单台设备的控制，也可用于多机群控及自动化流水线，如注塑机、印刷机、订书机械、组合机床、磨床、包装生产线、电镀流水线等。

（2）模拟量控制

在工业生产过程中，有许多连续变化的量，如温度、压力、流量、液位和速度等都是模

拟量。为了使可编程控制器处理模拟量，必须实现模拟量（analog）和数字量（digital）之间的 A/D 转换及 D/A 转换。PLC 厂家都生产配套的 A/D 和 D/A 转换模块，使可编程控制器用于模拟量控制。

（3）运动控制

PLC 可以用于圆周运动或直线运动的控制。从控制机构配置来说，早期直接用于开关量 I/O 模块连接位置传感器和执行机构，现在一般使用专用的运动控制模块，如可驱动步进电动机或伺服电动机的单轴或多轴位置控制模块。

（4）过程控制

过程控制是指对温度、压力、流量等模拟量的闭环控制。作为工业控制计算机，PLC 能编制各种各样的控制算法程序，完成闭环控制。PID 调节是一般闭环控制系统中用得较多的调节方法。大中型 PLC 都有 PID 模块，目前许多小型 PLC 也具有此功能模块。PID 处理一般是运行专用的 PID 子程序。过程控制在冶金、化工、热处理、锅炉控制等场合有非常广泛的应用。

（5）数据处理

现代 PLC 具有数学运算（含矩阵运算、函数运算、逻辑运算）、数据传送、数据转换、排序、查表、位操作等功能，可以完成数据的采集、分析及处理工作。这些数据可以与存储在存储器中的参考值比较，完成一定的控制操作，也可以利用通信功能传送到别的智能装置，或将它们打印制表。

（6）通信及联网

PLC 通信含 PLC 间的通信及 PLC 与其他智能设备间的通信。随着计算机控制技术的发展，工厂自动化网络发展得很快，各 PLC 厂商都十分重视 PLC 的通信功能，纷纷推出了各自的网络系统。新近生产的 PLC 都具有通信接口，通信非常方便。

4. PLC 的结构

（1）PLC 的结构

小型 PLC 的类型繁多，功能和指令系统也不尽相同，但结构与工作原理则大同小异，通常由主机、输入/输出接口、电源、编程器扩展接口和外部设备接口等几个主要部分组成，如图 3-1 所示。

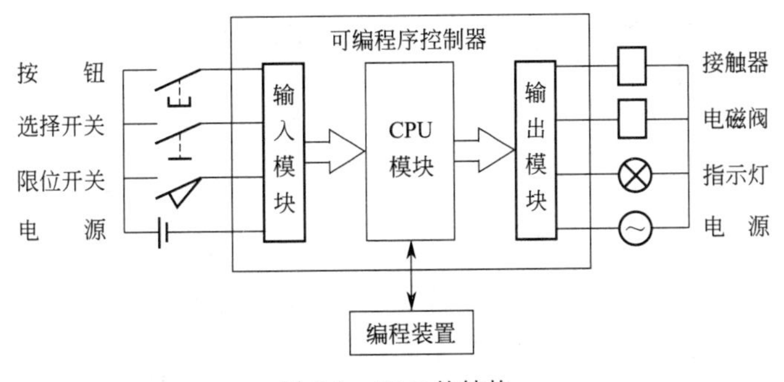

图 3-1　PLC 的结构

（2）主机

主机部分包括中央处理器（CPU）、系统程序存储器和用户程序及数据存储器。CPU 是 PLC 的核心，用来运行用户程序、监控输入/输出接口状态、做出逻辑判断和进行数据处理，即读取输入变量、完成用户指令规定的各种操作，将结果送到输出端，并响应外部设备（如编程器、电脑、打印机等）的请求以及进行各种内部判断等。PLC 的内部存储器有两类，一类是系统程序存储器，主要存放系统管理和监控程序及对用户程序作编译处理的程序，系统程序已由厂家固定，用户不能更改；另一类是用户程序及数据存储器，主要存放用户编制的应用程序及各种暂存数据和中间结果。

（3）输入/输出（I/O）接口

I/O 接口是 PLC 与输入/输出设备连接的部件，如图 3-2 所示。

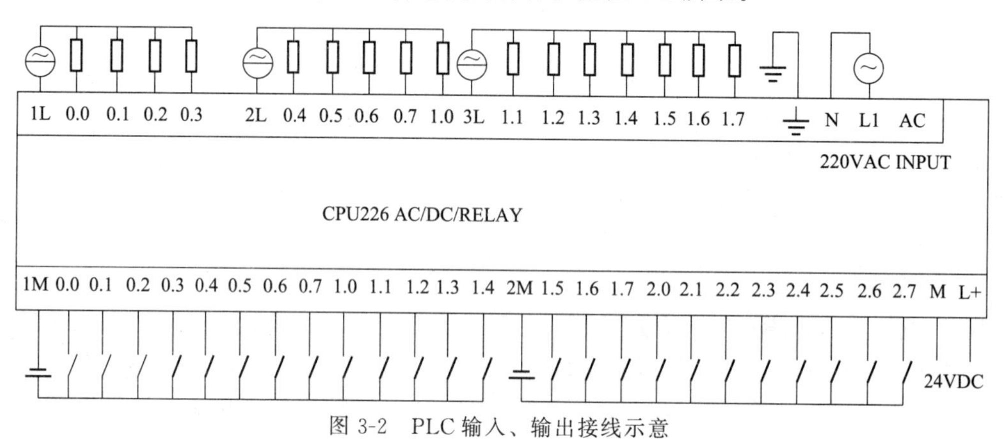

图 3-2　PLC 输入、输出接线示意

输入接口是接收来自用户设备的各种控制信号，如限位开关、操作按钮、选择开关、行程开关以及其他一些传感器的信号。通过接口电路可将这些信号转换成中央处理器能够识别和处理的信号，并存到输入映像寄存器。为防止各种干扰信号和高电压信号进入 PLC，影响其可靠性或造成设备损坏，现场输入接口电路一般由光电耦合电路进行隔离。光电耦合电路的关键器件是光耦合器，一般由发光二极管和光电三极管组成。通常 PLC 的输入类型可以是直流（DC 24V）和交流输入，如图 3-3 所示。

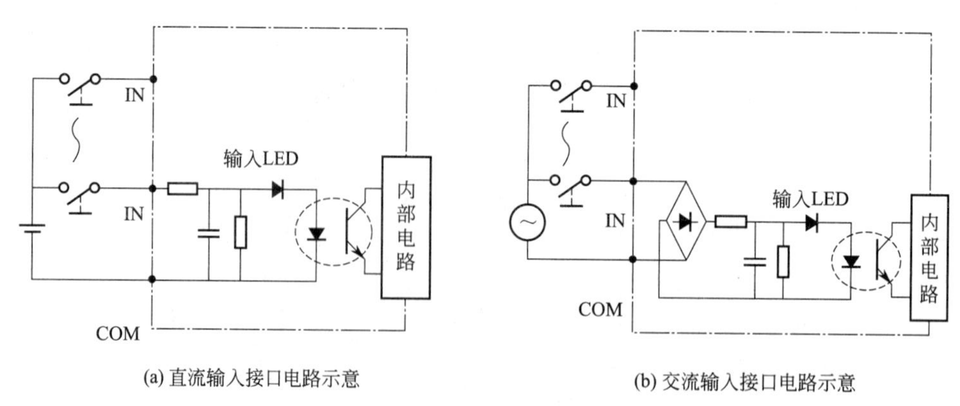

(a) 直流输入接口电路示意　　(b) 交流输入接口电路示意

图 3-3　PLC 直流、交流输入电路

输出接口是将主机处理后的结果通过功放电路去驱动输出设备（如接触器、电磁阀、指示灯等）。输出信号的类型可以是开关量和模拟量，输出接口电路将其由弱电控制信号转换成现场需要的强电信号输出，以驱动电磁阀、接触器、指示灯等被控设备的执行元件。输出接口电路通常有三种类型，即继电器输出型、晶闸管输出型和晶体管输出型，如图 3-4 所示。每种输出电路都采用了电气隔离技术，电源由外部提供，输出电流一般为 1.5～2A。

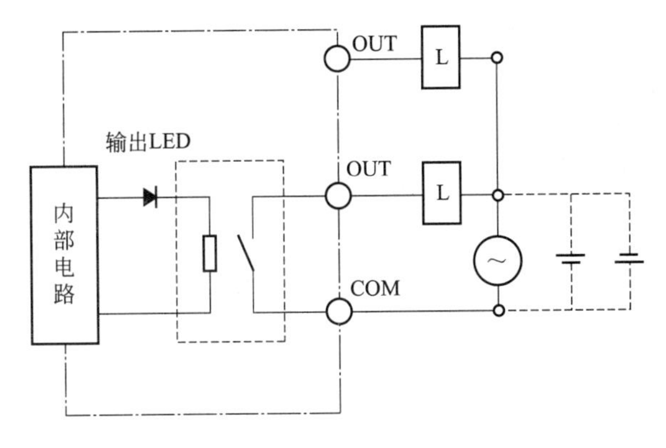

(a) 继电器输出接口电路

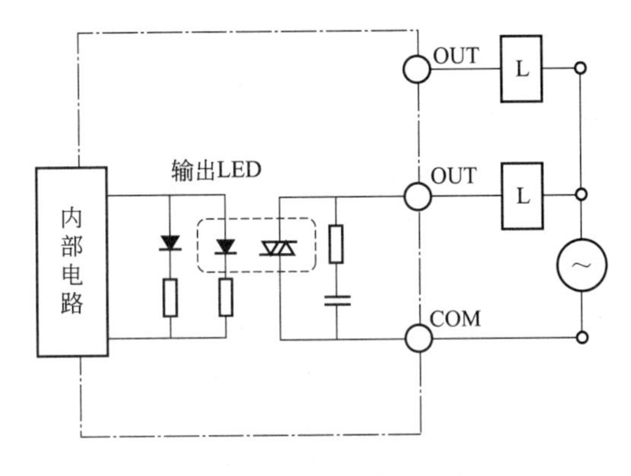

(b) 双向晶闸管输出接口电路

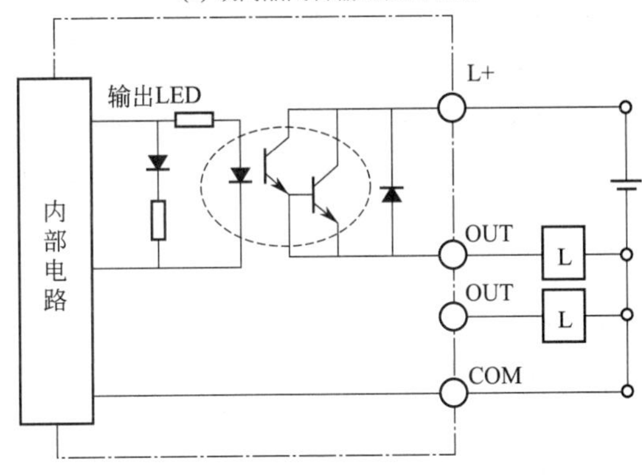

(c) 晶体管输出接口电路

图 3-4　输出接口电路示意

（4）电源

电源是指为 CPU、存储器、I/O 接口等内部电子电路工作所配置的直流稳压电源。

（5）编程器

编程器是 PLC 的一种主要外部设备，用户可用来输入、检查、修改、调试程序或监示 PLC 的工作情况。除手持编程器外，还可通过适配器和专用电缆线将 PLC 与计算机连接，并利用专用的工具软件进行电脑编程和监控。适配器和专用电缆线有两种选择，最简单的是使用一条 PC/PPI 编程电缆，电缆的一端是 RS485 接口，用于连接 PLC；另一端用于连接计算机，有 RS232 和 USB 两种接口的电缆可供选择，USB 接口的编程电缆不支持上位机与处于自由口方式的 S7-200 通信。另一种是通信卡＋普通电缆，通信卡是西门子的 CP561X 系列，有 PCI 接口和 PCMCIA 接口可选。这种方案适用于对所有西门子的 PLC 进行编程，价格较高。出于成本的考虑，如果只需要对 S7-200 进行编程，一般采用 PC/PPI 编程电缆。

中国市场上的 S7-200 有两种，一种是标准的 S7-200，另一种是 S7-200CN，两者在硬件和软件上完全兼容，S7-200 和 S7-200CN 的模块可以混合使用。S7-200CN 是中国专用型号，仅限在中国销售使用，出口设备或项目应该选择标准的 S7-200。

（6）输入/输出扩展单元

I/O 扩展接口用于连接扩充外部输入/输出端子数的扩展单元与基本单元（即主机）。

（7）外部设备接口

该接口可将编程器、打印机、条码扫描仪等外部设备与主机相连，以完成相应的操作。

5. PLC 的工作原理

PLC 是采用“顺序扫描，不断循环”的方式进行工作的，即在 PLC 运行时，CPU 根据用户按控制要求编制好并存于用户存储器中的程序，按指令步序号（或地址号）作周期性循环扫描，如无跳转指令，则从第一条指令开始逐条顺序执行用户程序，直至程序结束；然后重新返回第一条指令，开始下一轮新的扫描。在每次扫描过程中，还要完成对输入信号的采样和对输出状态的刷新等工作。

PLC 的扫描，一个周期必经输入采样、程序执行和输出刷新三个阶段。

输入采样阶段：首先以扫描方式按顺序将所有暂存在输入锁存器中的输入端子的通断状态或输入数据读入，并将其写入各对应的输入状态寄存器中，即刷新输入；随即关闭输入端口，进入程序执行阶段。

程序执行阶段：按用户程序指令存放的先后顺序扫描执行每条指令，执行的结果再写入输出状态寄存器中，输出状态寄存器中所有的内容均随着程序的执行而改变。

输出刷新阶段：当所有的指令执行完毕，输出状态寄存器的通断状态在输出刷新阶段送至输出锁存器中，并通过一定的方式（继电器、晶体管或晶闸管）输出，驱动相应的输出设备工作。

二、 S7-200 PLC 的硬件组成

1. S7-200 PLC 的硬件组成

S7-200 PLC 将一个微处理器（CPU）、一个集成电源和数字量 I/O 点集成在一个紧凑的封装中，从而形成了一个功能强大的微型 PLC，具体如图 3-5 所示。

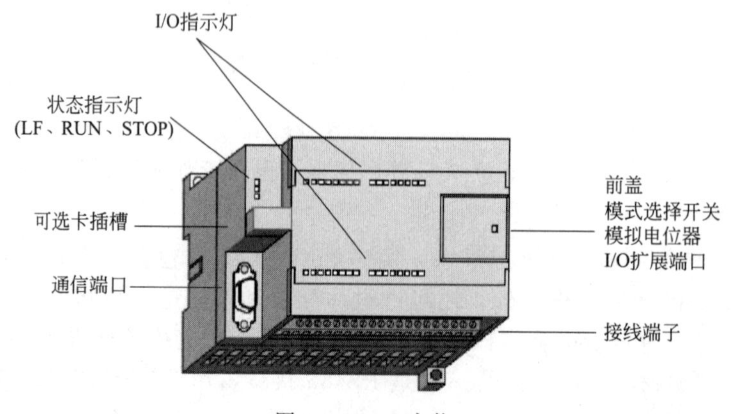

图 3-5　PLC 实物

CPU：负责执行程序和存储数据，以便对工业自动控制任务或过程进行控制。

输入和输出时系统的控制点：输入部分从现场设备中（例如传感器或开关）采集信号，输出部分则控制泵、电动机、指示灯以及工业过程中的其他设备。

电源：向 CPU 及所连接的任何模块提供电力支持。

通信端口：用于连接 CPU 与上位机或其他工业设备。

状态信号灯：显示 CPU 的工作模式、本机 I/O 的当前状态以及检查出的系统错误。

2. S7-200 PLC 的发展

从 CPU 模块的功能来看，S7-200 系列小型可编程序控制器发展至今，经历了两代：第一代产品的 CPU 模块为 CPU 21 *，现已停产；第二代产品的 CPU 模块为 CPU 22 *，是在 21 世纪初投放市场的。其速度快，具有极强的通信能力，具有四种不同结构配置的 CPU 单元：CPU 221、CPU 222、CPU 224 和 CPU 226。

3. S7-200 PLC 的输入/输出扩展

输入和输出点是系统与被控制对象的连接点，用户可以使用主机 I/O 和扩展 I/O。S7-200 系列 CPU 提供了一定数量的主机数字量 I/O 点，但在主机点数不够的情况下，就必须使用扩展模块的 I/O 点。有时需要完成过程量控制时，可以扩展模拟量的输入/输出模块。当需要完成某些特殊功能的控制任务时，S7-200 主机可以扩展特殊功能模块。所以，S7-200 扩展模块包括数字量输入/输出扩展模块、模拟量输入/输出扩展模块和功能扩展模块。典型的输入/输出模块和特殊功能模块有：

（1）数字量 I/O 扩展模块

S7-200 PLC 系列目前总共可以提供如下的几类数字量输入/输出扩展模块。

输入扩展模块 EM221 有三种：8 点 DC 24V 输入；16 点 DC 24V 输入；8 点光电隔离输入，交直流通用，可直接输入交流 220V。

输出扩展模块 EM222 有五种：4 点 DC 24V 输出；4 点继电器输出；8 点 DC 24V 输出；8 点继电器输出；8 点光电隔离晶闸管输出。

输入/输出混合扩展模块 EM223 有六种：分别为 4 点、8 点、16 点输入/4 点、8 点、16 点输出的各种组合，三种为 DC 24V 输出，另外三种为继电器输出。

（2）模拟量 I/O 扩展模块

模拟量输入扩展模块 EM231 有 3 种：4 路模拟量输入，输入量程可配置为 4～20mA、0～5V、0～10V、±5V 或±10V 等；2 路热电阻输入；4 路热电偶输入，12 位精度。

模拟量输出扩展模块 EM232：具有 2 路模拟量输出，12 位精度。

模拟量输入/输出扩展模块 EM235：具有 4 路模拟量输入和 1 路模拟量输出（占用 2 路输出地址），12 位精度。

（3）功能扩展模块

功能扩展模块有 EM253 位置控制模块、EM277 PROFIBUS-DP 模块、EM241 调制解调器模块、CP243-1 以太网模块和 CP243-2 AS-i 接口模块等。

三、 S7-200 的内存结构及寻址方式

1. 内存结构

（1）数字量输入继电器（I）

输入继电器也就是输入映像寄存器，每个 PLC 的输入端子都对应有一个输入继电器，

它用于接收外部的开关信号。输入继电器的状态由其对应的输入端子的状态决定，当输入端子连接的外部开关信号接通时，相对应的输入端子回路导通，则输入继电器的线圈“得电”，其常开触点闭合，常闭触点断开。这些触点可以在编程时任意使用，使用数量（次数）不受限制。所谓输入继电器的线圈“得电”，事实上并非真的有输入继电器的线圈存在，这只是一个存储器的操作过程。在每个扫描周期的开始，PLC 对各输入点进行采样，并把采样值存入输入映像寄存器。PLC 在接下来的本周期各阶段不再改变输入映像寄存器中的值，直到下一个扫描周期的输入采样阶段。

需要特别注意的是，输入继电器的状态唯一地由输入端子的状态决定，输入端子接通则对应的输入继电器得电动作，输入端子断开则对应的输入继电器断电复位。在程序中试图改变输入继电器状态的所有做法都是错误的。

数字量输入继电器用“I”表示。输入映像寄存器区属于位地址空间，范围为 I0.0～I15.7，可进行位、字节、字、双字操作。实际输入点数不能超过这个数量，未用的输入映像寄存器区可以作其他编程元件用，如可以当通用辅助继电器或数据寄存器，但这只有在寄存器整个字节的所有位都未占用的情况下才可作他用，否则会出现错误执行结果。

（2）数字量输出继电器（Q）

输出继电器也就是输出映像寄存器，每个 PLC 的输出端子都对应有一个输出继电器。当通过程序使输出继电器的线圈“得电”时，PLC 上的输出端开关闭合，它可以作为控制外部负载的开关信号。同时在程序中其常开触点闭合，常闭触点断开。这些触点可以在编程时任意使用，使用次数不受限制。

数字量输出继电器用“Q”表示。输出映像寄存器区属于位地址空间，范围为 Q0.0～Q15.7，可进行位、字节、字、双字操作。实际输出点数不能超过这个数量，未用的输出映像区可做他用，用法与输入继电器相同。在 PLC 内部，输出映像寄存器与输出端子之间还有一个输出锁存器。在每个扫描周期的输入采样、程序执行等阶段，并不把输出结果信号直接送到输出锁存器，而只是送到输出映像寄存器，只有在每个扫描周期的末尾才将输出映像寄存器中的结果信号几乎同时送到输出锁存器，对输出点进行刷新。

另外需要注意的是，不要把继电器输出型的输出单元中真实的继电器与输出继电器混淆。

（3）通用辅助继电器（M）

通用辅助继电器如同电气控制系统中的中间继电器，在 PLC 中没有输入/输出端与之对应，因此通用辅助继电器的线圈不直接受输入信号的控制，其触点也不能直接驱动外部负载。所以，通用辅助继电器只能用于内部逻辑运算。

通用辅助继电器用“M”表示。通用辅助继电器区属于位地址空间，范围为 M0.0～M31.7，可进行位、字节、字、双字操作。

（4）特殊标志继电器（SM）

有些辅助继电器具有特殊功能或存储系统的状态变量、有关的控制参数和信息，我们称为特殊标志继电器。用户可以通过特殊标志来沟通 PLC 与被控对象之间的信息，如可以读取程序运行过程中的设备状态和运算结果信息，利用这些信息用程序实现一定的控制动作。用户也可通过直接设置某些特殊标志继电器位来使设备实现某种功能。

特殊标志继电器用“SM”表示。特殊标志继电器区根据功能和性质不同具有位、字节、字和双字操作方式。如 SMB0、SMB1 为系统状态字，只能读取其中的状态数据，不能改写，可以位寻址。系统状态字中部分常用的标志位说明如下：

SM0.0：始终接通；

SM0.1：首次扫描为1，以后为0，常用来对程序进行初始化；

SM0.2：当机器执行数学运算的结果为负时，该位被置1；

SM0.3：开机后进入RUN方式，该位被置1，时长一个扫描周期；

SM0.4：该位提供一个周期为1min的时钟脉冲，30s为1，30s为0；

SM0.5：该位提供一个周期为1s的时钟脉冲，0.5s为1，0.5s为0；

SM0.6：该位为扫描时钟脉冲，本次扫描为1，下次扫描为0；

SM1.0：当执行某些指令，其结果为0时，将该位置1；

SM1.1：当执行某些指令，其结果溢出或为非法数值时，将改位置1；

SM1.2：当执行数学运算指令，其结果为负数时，将改位置1；

SM1.3：试图除以0时，将改位置1。

其他常用特殊标志继电器的功能可以参见S7-200系统手册。

（5）变量存储器（V）

变量存储器用来存储变量。它可以存放程序执行过程中控制逻辑操作的中间结果，也可以使用变量存储器来保存与工序或任务相关的其他数据。

变量存储器用“V”表示。变量存储器区属于位地址空间，可进行位操作，但更多的是用于字节、字、双字操作。变量存储器也是S7-200中空间最大的存储区域，所以常用来进行数学运算和数据处理，存放全局变量数据。

（6）局部变量存储器（L）

局部变量存储器用来存放局部变量。局部变量与变量存储器存储的全局变量十分相似，主要区别是全局变量是全局有效的，而局部变量是局部有效的。全局有效是指同一个变量可以被任何程序（包括主程序、子程序和中断程序）访问；而局部有效是指变量只和特定的程序相关联。

S7-200 PLC提供了64个字节的局部存储器，其中60个可以作暂时存储器或给子程序传递参数。主程序、子程序和中断程序在使用时都可以有64个字节的局部存储器可以使用。不同程序的局部存储器不能互相访问。机器在运行时，根据需要动态地分配局部存储器。

局部变量存储器用“L”表示。局部变量存储器区属于位地址空间，可进行位操作，也可以进行字节、字、双字操作。

（7）顺序控制继电器（S）

顺序控制继电器用在顺序控制和步进控制中，是特殊的继电器。有关顺序控制继电器的使用请阅读本章后续有关内容。

顺序控制继电器用“S”表示。顺序控制继电器区属于位地址空间，可进行位操作，也可以进行字节、字、双字操作。

（8）定时器（T）

定时器是可编程序控制器中重要的编程元件，是累计时间增量的内部器件。自动控制的大部分领域都需要用定时器进行定时控制，灵活地使用定时器可以编制出动作要求复杂的控制程序。

定时器的工作过程与继电器接触器控制系统的时间继电器基本相同，使用时要提前输入时间预置值。当定时器的输入条件满足且开始计时时，当前值从0开始按一定的时间单位增加；当定时器的当前值达到预置值时，定时器动作，此时它的常开触点闭合，常闭触点断开，利用定时器的触点就可以定时实现各种控制规律或动作。

（9）计数器（C）

计数器用来累计内部事件的次数，可以用来累计内部任何编程元件动作的次数，也可以通过输入端子累计外部事件发生的次数。它是应用非常广泛的编程元件，经常用来对产品进行计数或进行特定功能的编程，使用时要提前输入它的设定值（计数的个数）。当输入触发条件满足时，计数器开始累计其输入端脉冲电位跳变（上升沿或下降沿）的次数；当计数器计数达到预定的设定值时，其常开触点闭合，常闭触点断开。

（10）模拟量输入映像寄存器（AI）、模拟量输出映像寄存器（AQ）

模拟量输入电路用来实现模拟量/数字量（A/D）之间的转换，而模拟量输出电路用来实现数字量/模拟量（D/A）之间的转换，PLC 处理的是其中的数字量。

在模拟量输入/输出映像寄存器中，数字量的长度为 1 字长（16 位），且从偶数号字节进行编址来存取转换前后的模拟量值，如 0、2、4、6、8。编址内容包括元件名称、数据长度和起始字节的地址。模拟量输入映像寄存器用 AI 表示，模拟量输出映像寄存器用 AQ 表示，如 AIW10、AQW4 等。

PLC 对这两种寄存器的存取方式不同的是，模拟量输入寄存器只能进行读取操作，而模拟量输出寄存器只能进行写入操作。

（11）高速计数器（HC）

高速计数器的工作原理与普通计数器基本相同，它用来累计比主机扫描速率更快的高速脉冲。高速计数器的当前值为双字长（32 位）的整数，且为只读值。

高速计数器的数量很少，编址时只用名称 HC 和编号，如 HC2。

（12）累加器（AC）

S7-200 PLC 提供了 4 个 32 位累加器，分别为 AC0、AC1、AC2、AC3。累加器是用来暂存数据的寄存器，它可以用来存放数据，如运算数据、中间数据和结果数据，也可用来向子程序传递参数，或从子程序返回参数。使用时只表示出累加器的地址编号，如 AC0。累加器可用长度为 32 位，但实际应用时，数据长度取决于进出累加器的数据类型。

2. 寻址方式

PLC 中的数据采用二进制表示法，数据的最小计数单位是一个二进制位。S7-200 中的数据有位、字节、字和双字四种长度。I、Q、V、M、S、L、SM 均可以按位、字节、字和双字来进行寻址，可寻址的 PLC 内存空间主要有物理点（I、Q、AI、AQ）和中间变量（V、M、S、L）两部分，见表 3-1。

表 3-1　PLC 中的寻址格式、数据长度、类型及取值范围

寻址格式	数据长度(二进制位)	数据类型	取值范围
BOOL(位)	1	布尔数	真(1)；假(0)
BYTE(字节)	8	无符号整数	0～255
INT(整数)	16	有符号整数	－32768～32767
WORD(字)		无符号整数	0～65535
DINT(双整数)	32	有符号整数	－2147483648～2147483647
DWORD(双字)		无符号整数	0～4294967295
REAL(实数)		单精度浮点数	$+1.175495\times10^{-38}\sim+3.402823\times10^{38}$(正数) $-3.402823\times10^{38}\sim-1.175495\times10^{-38}$(负数)

（1）位寻址

位寻址的格式：内存区域标识＋字节编号＋位编号。

字节是存储区域大小的单位，如果存储区域的大小为 n 个字节，那么有效的字节编号为 0～$n-1$。一个字节有八个位，位编号为 0～7。

例如 V100.0：表示 V 区第 100 号字节的 0 号位。

（2）字节寻址

字节寻址的格式：内存区域标识＋B＋字节编号。

例如 VB100：表示 V 区第 100 号字节。VB100 包含 8 个位，地址 VB100.0～VB100.7。

（3）字寻址

字寻址格式：内存区域标识＋字编号。

一个字包含两个字节。因为字的第一个编号是 0，所以有效的字编号是偶数。如果存储区域的大小为 n 个字节，那么有效的字编号为 0、2、4、6、…、$n-2$。

例如 VW100：表示 V 区第 100 号字。VW100 包含 2 个字节：VB100 和 VB101。

（4）双字寻址

双字寻址格式：内存区域标识＋字编号。

一个双字包含四个字节。因为双字的第一个编号是 0，所以有效的字编号是 4 的整倍数。如果存储区域的大小为 n 个字节，那么有效的字编号为 0、4、8、12、…、$n-4$。

例如 VD100：表示 V 区第 100 号双字。VD100 包含两个字（VW100 和 VW102），或者可以说包含四个字节（VB100～VB103），见表 3-2 。

表 3-2　双字寻址

<table>
<tr><td>最高位 MSB(31)</td><td colspan="2"></td><td>最低位 LSB(0)</td></tr>
<tr><td>最高有效字节
VB100</td><td colspan="2"></td><td>最低有效字节
VB103</td></tr>
<tr><td>VB100</td><td>VB101</td><td>VB102</td><td>VB103</td></tr>
<tr><td colspan="2">VW100</td><td colspan="2">VW102</td></tr>
<tr><td colspan="4">VD100</td></tr>
</table>

（5）本地 I/O 和扩展 I/O 的寻址

S7-200 PLC 对 I/O 有规定的寻址原则。每一种 CPU 模块都具有固定数量的数字量 I/O，称为本地 I/O。本地 I/O 具有固定的地址，地址号分别从 I0.0 和 Q0.0 开始，连续编号。

在扩展模块链中，对于同类型的 I/O 模块而言，模块的 I/O 地址取决于 I/O 类型和模块在 I/O 链中的位置。例如，输出模块不会影响输入模块上点的地址，反之亦然；模拟量模块不会影响数字量模块上的地址，反之亦然。数字量模块总是保留以 8 位（1 个字节）递增的映像寄存器地址空间，如果 CPU 模块或连接在前面的同类型的模块没有给保留字中每一位提供相应的物理 I/O 点，则那些未用的位不能分配给 I/O 链中的后续模块，地址要从紧接着的下一个字节开始编号。模拟量的转换精度为 12 位，用一个字（2 个字节）来表示，所以模拟量扩展模块总是以 2 字节递增的方式来分配地址空间，见表 3-3。

表 3-3　I/O 和扩展 I/O 的寻址

CPU226 24DI/16DO		EM221 8DI	EM235 4AI/IAO	EM223 4DI/4DO		EM231 4AI	EM223 8DI/8DO	
I0.0	Q0.0	I3.0	AIW0	I4.0	Q2.0	AIW8	I5.0	Q3.0
I0.1	Q0.1	I3.1	AIW2	I4.1	Q2.1	AIW10	I5.1	Q3.1
		I3.2	AIW4	I4.2	Q2.2	AIW12	I5.2	Q3.2
…	…	I3.3	AIW6	I4.3	Q2.3	AIW14	I5.3	Q3.3
		I3.4	AQW0			AQW4	I5.4	Q3.4
I2.5	Q1.5	I3.5					I5.5	Q3.5
I2.6	Q1.6	I3.6					I5.6	Q3.6
I2.7	Q1.7	I3.7					I5.7	Q3.7

学习成果评价

现场提问测评：针对某一 PLC 实物，指出其结构名称及工作原理。

任务二
PLC 的编程指令应用

工作任务 >>

熟悉 PLC 的指令及其编程应用。

任务目标 >>

1. 掌握 PLC 的基本指令及其编程应用。

2. 熟悉 PLC 软件的使用方法，梯形图和语句表的编程方法，程序的编制、下载、调试、监控、运行等。

任务实施 >>

一、可编程控制器程序设计语言

1. PLC 常用的编程语言

PLC 常用的编程语言目前主要有：梯形图、语句表、功能块图、顺序功能图及某些高级语言。对于初学者来说，梯形图简单易懂，是首选的编程语言。

S7-200 系列 PLC 所使用的编程软件 STEP-7Micro/WIN32，主要提供梯形图 LAD、语句表 STL、功能块图 FBD 三种编程语言。

梯形图和语句表是基本程序设计语言，其通常由一系列指令组成，用这些指令可以完成大多数简单的控制功能，例如，代替继电器、计数器、计时器完成顺序控制和逻辑控制等；通过扩展或增强指令集，它们也能执行其他的基本操作。

（1）梯形图程序设计语言

梯形图程序设计语言是最常用的一种程序设计语言，它来源于继电器逻辑控制系统的描述。在工业过程控制领域，电气技术人员对继电器逻辑控制技术较为熟悉，因此，由这种逻辑控制技术发展而来的梯形图受到了欢迎，并得到了广泛的应用。梯形图与操作原理图相对应，具有直观性和对应性；与原有继电器逻辑控制技术的不同点是，梯形图中的能流不是实际意义的电流，内部的继电器也不是实际存在的继电器，因此，应用时，需与原有继电器逻辑控制技术的有关概念区别对待。

（2）语句表程序设计语言

语句表程序设计语言是用布尔助记符来描述程序的一种程序设计语言。语句表程序设计语言与计算机中的汇编语言非常相似，采用布尔助记符来表示操作功能。

语句表程序设计语言具有下列特点：

① 采用助记符来表示操作功能，具有容易记忆、便于掌握的特点；

② 在编程器的键盘上采用助记符表示，具有便于操作的特点，可在无计算机的场合进行编程设计；

③ 用编程软件可以将语句表与梯形图相互转换。

（3）顺序功能流程图程序设计

顺序功能流程图程序设计是近年来发展起来的一种程序设计，其采用顺序功能流程图的描述，控制系统被分为若干个子系统，从功能入手，使系统的操作具有明确的含义，便于设计人员和操作人员设计思想的沟通，便于程序的分工设计和检查调试。顺序功能流程图的主要元素是步、转移、转移条件和动作，如图 3-6 所示。顺序功能流程图程序设计的特点是：

① 以功能为主线，条理清楚，便于对程序操作的理解和沟通；

② 对于大型的程序，可分工设计，采用较为灵活的程序结构，可节省程序设计时间和调试时间；

③ 常用于系统规模较大、程序关系较复杂的场合；

④ 只有在活动步的命令和操作被执行后，才能对活动步后的转换进行扫描，因此，整个程序的扫描时间要大大缩短。

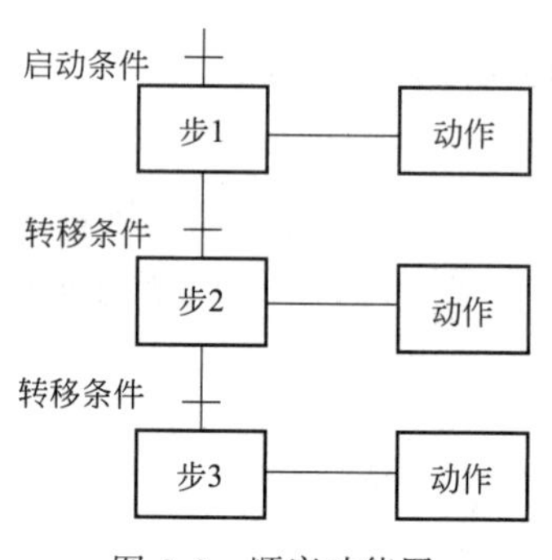

图 3-6　顺序功能图

（4）功能块图程序设计语言

功能块图程序设计语言是采用逻辑门电路的编程语言，有数字电路知识基础的人很容易掌握。功能块图指令由输入、输出段及逻辑关系函数组成。

2. S7-200 的程序结构

S7-200 采用经典的三程序结构，即主程序、子程序和中断程序。用户程序用“程序类型＋编号”的方式标识，如 OB1、SBR0、INT0，程序名称是由系统自动生成的。

主程序有且只有一个，是 PLC 每个扫描周期中唯一一个被直接执行的程序。主程序用 OB1 标识。

子程序可以有很多个。子程序在 PLC 的扫描周期中不会直接执行，要执行某个子程序必须在主程序中使用子程序调用指令；可以在一个子程序中调用另一个子程序形成嵌套，但是不可以自己调用自己形成递归。S7-200 最大允许嵌套 8 级子程序。子程序用“SBR＋编号”来标识，如 SBR0、SBR1。采用模块化的编程方式，将一部分功能移至子程序中，不仅可以使程序结构清晰便于修改，还可以把实现某些固定功能的程序封装成子程序，便于移植和重复使用。

中断程序是一类特殊的子程序，它不可以在程序中直接调用，而是采用触发的方式，由系统在满足触发条件时自动调用。中断程序享有最高的优先权，只要满足中断条件，PLC 立即停下正在执行的任务去执行中断程序，在中断程序执行完后才返回刚才被中断的地方接着运行下去。中断程序用“INT＋编号”来标识，如 INT0、INT1。中断程序执行时，如果再有中断事件发生，会按照发生的时间顺序和优先级排队。中断服务程序执行到末尾会自动返回，也可以由逻辑控制中途返回。

二、常用指令

1. 触点及线圈指令

（1）指令说明

触点指令：触点符号代表输入条件，如外部开关、按钮及内部条件等。CPU 运行扫描到触点符号时，到触点位指定的存储器位访问（即 CPU 对存储器的读操作）。该位数据（状态）为 1 时，表示“能流”能通过。计算机读操作的次数不受限制，用户程序中，常开触点、常闭触点可以使用无数次。触点指令的梯形图符号为

常开触点：——| bit |——

常闭触点：——| bit / |——

常开触点指令的语句表符号为 LD（load），常闭触点指令的语句表符号为 LDN（load not）。

线圈指令：线圈表示输出结果，通过输出接口电路来控制外部的指示灯、接触器及内部的输出条件等。线圈左侧接点组成的逻辑运算结果为 1 时，“能流”可以达到线圈，使线圈得电动作，CPU 将线圈的位地址对应的存储器的位取 1；逻辑运算结果若为 0，则线圈不通电，存储器的位置置 0，即线圈代表 CPU 对存储器的写操作。PLC 采用循环扫描的工作方式，所以在用户程序中，每个线圈只能使用一次。线圈指令的梯形图符号为

bit
——(   )

线圈指令的语句表符号为=。

（2）常用的语句表指令及逻辑功能

常用的语句表指令及逻辑功能如表 3-4 所示。

表 3-4 语句表指令

指令名称	助记符	逻辑功能
取	LD	从左母线取动合触点指令
取反	LDN	从左母线取动断触点指令
输出	=	线圈输出指令
与	A	用于串联单个动合触点
与反	AN	用于串联单个动断触点
或	O	用于并联单个动合触点
或反	ON	用于并联单个动断触点

（3）指令应用举例

指令功能应用举例如图 3-7、图 3-8 所示。

2. 置位/复位（S/R）指令

（1）指令功能（表 3-5）

置位指令 S：使能端输入有效后，从起始位 bit 开始的 N 个位置“1”并保持。

复位指令 R：使能端输入有效后，从起始位 bit 开始的 N 个位清“0”并保持。

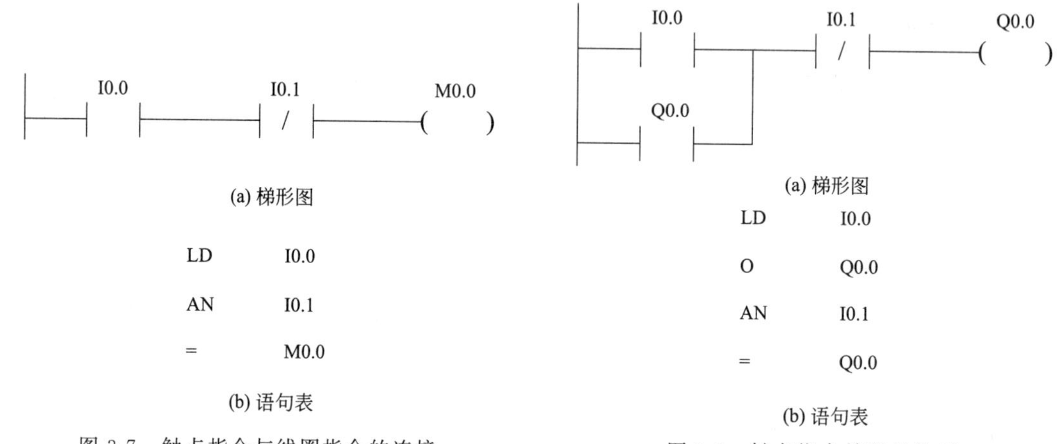

图 3-7 触点指令与线圈指令的连接

图 3-8 触点指令并联的使用

表 3-5 置位、复位指令的 LAD 和 STL 形式以及功能

指令名称	LAD	STL	功 能
置位指令	bit —(S) N	S bit,N	从 bit 开始的 N 个元件置 1 并保持,N 的范围为 1～255
复位指令	bit —(R) N	R bit,N	从 bit 开始的 N 个元件清 0 并保持,N 的范围为 1～255

(2) 指令格式用法(图 3-9)

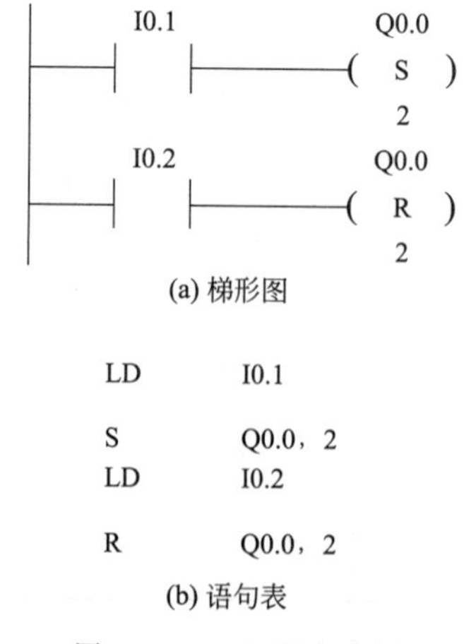

图 3-9 S、R 指令应用

(3) 指令使用说明

① 对位元件来说，一旦被置位，就保持在接通状态，除非对它复位；而一旦被复位就保持在断电状态，除非再对它置位。

② S、R 指令可以互换次序使用，但由于 PLC 采用扫描工作方式，因此写在后面的指令具有优先权。

③ 如果对计数器和定时器复位，则计数器和定时器的当前值被清零。

④ N 的范围为 1～255，N 可为 VB、IB、QB、MB、SMB、SB、LB、AC、常数。

⑤ S、R 指令的操作数为 I、Q、M、SM、T、C、V、S 和 L。

3. 脉冲生成指令 EU/ED（正负跳变指令）

（1）指令功能

EU 指令：在 EU 指令前的逻辑运算结果有一个上升沿时（由 OFF→ON），产生一个宽度为一个扫描周期的脉冲，驱动后面的输出线圈。

ED 指令：在 ED 指令前有一个下降沿时，产生一个宽度为一个扫描周期的脉冲，驱动其后线圈。

（2）指令使用说明（表 3-6）

表 3-6　边沿脉冲指令使用说明

指令名称	LAD	STL	功能	说明
上升沿脉冲	-|P|-	EU	在上升沿产生一个扫描周期的脉冲	无操作数
下降沿脉冲	-|N|-	ED	在下降沿产生一个扫描周期的脉冲	

EU、ED 指令只在输入信号变化时有效，其输出信号的脉冲宽度为一个机器扫描周期。对开机时就为接通状态的输入条件，EU 指令不执行。EU、ED 指令无操作数。

I0.0 的上升沿经触点（EU）产生一个扫描周期的时钟脉冲，驱动输出线圈 M0.0 导通一个扫描周期，M0.0 的常开触点闭合一个扫描周期，使输出线圈 Q0.0 置位为 1，并保持。I0.1 的下降沿经触点（ED）产生一个扫描周期的时钟脉冲，驱动输出线圈 M0.1 导通一个扫描周期，M0.1 的常开触点闭合一个扫描周期，使输出线圈 Q0.0 复位为 0，并保持。

4. 定时器指令

S7-200 系列 PLC 的定时器是对内部时钟累计时间增量计时的，每个定时器均有一个 16 位的当前值寄存器用来存放当前值（16 位符号整数），一个 16 位的预置值寄存器用来存放时间的设定值，还有一位状态位，反映其触点的状态。其格式和类型见表 3-7、表 3-8。

表 3-7　定时器的指令格式

LAD	STL	说明
???? IN TON ????-PT ???ms	TON　T××,PT	TON—通电延时定时器 TONR—记忆型通电延时定时器 TOF—断电延时型定时器 IN 是使能输入端，指令盒上方输入定时器的编号（T××），范围为 T0～T255；PT 是预置值输入端，最大预置值为 32767；PT 的数据类型：INT PT 的操作数有 IW、QW、MW、SMW、T、C、VW、SW、AC、常数
???? IN TONR ????-PT ???ms	TONR　T××,PT	
???? IN TOF ????-PT ???ms	TOF　T××,PT	

表 3-8 定时器的类型

工作方式	时基/ms	最大定时范围/s	定时器号
TONR	1	32.767	T0,T64
	10	327.67	T1～T4,T65～T68
	100	3276.7	T5～T31,T69～T95
TON/TOF	1	32.767	T32,T96
	10	327.67	T33～T36,T97～T100
	100	3276.7	T37～T63,T101～T255

(1) 工作方式

S7-200 系列 PLC 的定时器按工作方式分为三大类，即 TON、TONR、TOF。

(2) 时基

按时基脉冲分，则有 1ms、10ms、100ms 三种定时器。不同的时基标准，定时精度、定时范围和定时器刷新的方式不同。

① 定时精度和定时范围　定时器的工作原理是：使能输入有效后，当前值 PT 对 PLC 内部的时基脉冲增 1 计数；当计数值大于或等于定时器的预置值后，状态位置 1。其中，最小计时单位为时基脉冲的宽度，又为定时精度；从定时器输入有效，到状态位输出有效，经过的时间为定时时间，即：定时时间＝预置值×时基。当前值寄存器为 16 位，最大计数值为 32767，由此可推算不同分辨率的定时器的设定时间范围。CPU 22X 系列 PLC 的 256 个定时器分属 TON（TOF）和 TONR 工作方式，以及 3 种时基标准。可见时基越大，定时时间越长，但精度越差。

② 1ms 、10ms 和 100ms 定时器的刷新方式不同　1ms 定时器每隔 1ms 刷新一次，与扫描周期和程序处理无关，即采用中断刷新方式。因此，当扫描周期较长时，在一个周期内可能被多次刷新，其当前值在一个扫描周期内不一定保持一致。

10ms 定时器则由系统在每个扫描周期开始自动刷新。由于每个扫描周期内只刷新一次，因此每次程序处理期间，其当前值均为常数。

100ms 定时器则在该定时器指令执行时刷新。下一条执行的指令，即可使用刷新后的结果，符合正常的思路，使用方便可靠。但应当注意，如果该定时器的指令不是每个周期都执行，定时器就不能及时刷新，可能导致出错。

(3) 定时器指令工作原理

下面我们将从工作原理方面分别叙述通电延时型、有记忆的通电延时型、断电延时型三种定时器的使用方法。

① 通电延时型定时器（TON）指令工作原理　当 I0.0 接通，即使能端（IN）输入有效时，驱动 T37 开始计时，当前值从 0 开始递增；计时到设定值 PT 时，T37 状态位置 1，其常开触点 T37 接通，驱动 Q0.0 输出，然后当前值仍增加，但不影响状态位。当前值的最大值为 32767。当 I0.0 分断使能端无效时，T37 复位，当前值清 0，状态位也清 0，即恢复原始状态。若 I0.0 接通时间未到设定值就断开，T37 则立即复位，Q0.0 不会有输出。

② 记忆型通电延时定时器（TONR）指令工作原理　使能端（IN）输入有效（接通）时，定时器开始计时，当前值递增；当前值大于或等于预置值（PT）时，输出状态位置 1。使能端输入无效（断开）时，当前值保持（记忆）；使能端（IN）再次接通有效时，在原记忆值的基础上递增计时。

注意：TONR 记忆型通电延时定时器采用线圈复位指令 R 进行复位操作，当复位线圈有效时，定时器当前位清零，输出状态位置 0。

③ 断电延时型定时器（TOF）指令工作原理　断电延时型定时器用来在输入断开，延时一段时间后，再断开输出。使能端（IN）输入有效时，定时器输出状态位立即置 1，当前值复位为 0。使能端（IN）断开时，定时器开始计时，当前值从 0 递增；当前值达到预置值时，定时器状态位复位为 0，并停止计时，当前值保持。

如果输入断开的时间小于预定时间，定时器仍保持接通。IN 再接通时，定时器当前值仍设为 0。断开延时型定时器（TOF）用于故障事件发生后的时间延时。

TOF 和 TON 共享同一组定时器，不能重复使用，即不能把一个定时器同时用作 TOF 和 TON。例如，不能既有 TON T32，又有 TOF T32。

5. 计数器指令

计数器利用输入脉冲上升沿累计脉冲个数，其结构主要由一个 16 位的预置值寄存器、一个 16 位的当前值寄存器和一位状态位组成。当前值寄存器用来累计脉冲个数，计数器当前值大于或等于预置值时，状态位置 1。

S7-200 系列 PLC 有三类计数器：CTU-加计数器、CTUD-加/减计数器、CTD-减计数器。计数器的指令格式见表 3-9。

表 3-9　计数器的指令格式

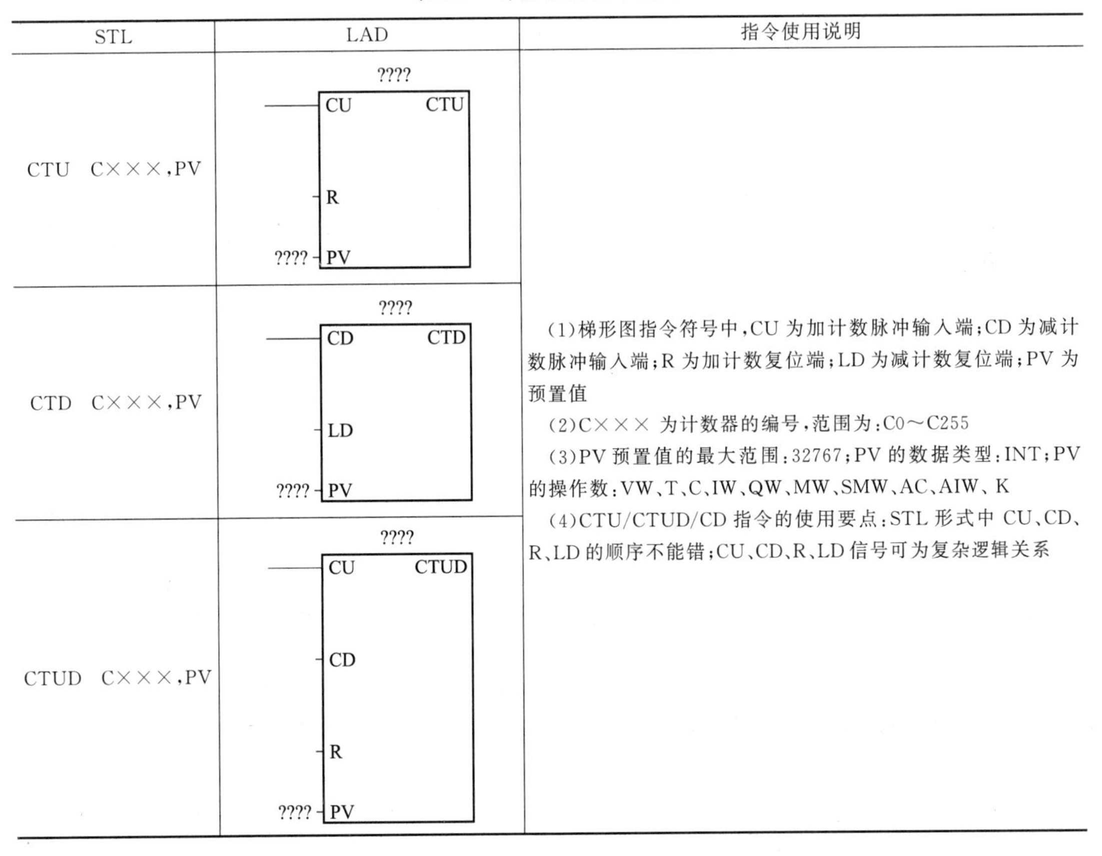

STL	LAD	指令使用说明
CTU　C×××,PV	???? CU　CTU R ???? PV	(1)梯形图指令符号中,CU 为加计数脉冲输入端;CD 为减计数脉冲输入端;R 为加计数复位端;LD 为减计数复位端;PV 为预置值 (2)C××× 为计数器的编号,范围为:C0～C255 (3)PV 预置值的最大范围:32767;PV 的数据类型:INT;PV 的操作数:VW、T、C、IW、QW、MW、SMW、AC、AIW、K (4)CTU/CTUD/CD 指令的使用要点:STL 形式中 CU、CD、R、LD 的顺序不能错;CU、CD、R、LD 信号可为复杂逻辑关系
CTD　C×××,PV	???? CD　CTD LD ???? PV	
CTUD　C×××,PV	???? CU　CTUD CD R ???? PV	

(1) 加计数器指令（CTU）

当 R=0 时，计数脉冲有效；当 CU 端有上升沿输入时，计数器当前值加 1。当计数器当前值大于或等于设定值（PV）时，该计数器的状态位 C-bit 置 1，即其常开触点闭合，计数器仍计数，但不影响计数器的状态位，直至计数达到最大值（32767）。当 R＝1 时，计数器复位，即当前值清零，状态位 C-bit 也清零。加计数器的计数范围：0～32767。

（2）减计数指令（CTD）

当复位 LD 有效时，LD＝1，计数器把设定值（PV）装入当前值存储器，计数器状态位复位（置 0）。当 LD＝0，即计数脉冲有效时，开始计数，CD 端每接受一个输入脉冲，减计数的当前值就减 1；当前值等于 0 时，计数器状态位置位（置 1），停止计数。

（3）加/减计数指令（CTUD）

当 R＝0 时，计数脉冲有效；当 CU 端（CD 端）有上升沿输入时，计数器当前值加 1（减 1）。当计数器当前值大于或等于设定值时，C-bit 置 1，即其常开触点闭合。当 R＝1 时，计数器复位，即当前值清零，C-bit 也清零。加/减计数器的计数范围：－32768～32767。

6. 比较指令、结束指令、停止指令、跳转指令及子程序调用指令

（1）比较指令

比较指令是将两个操作数按指定条件进行比较，条件成立时，触点就闭合，所以比较指令实际上也是一种位指令。在实际应用中，比较指令为上下限控制以及数值条件判断提供了方便。

比较指令的类型有字节比较、整数（字）比较、双字整数比较、实数比较和字符串比较五种。数值比较指令的运算符有＝、＞＝、＜、＜＝、＞和＜ ＞等 6 种，而字符串比较指令的运算符只有＝和＜ ＞2 种。对比较指令可进行 LD、A 和 O 编程。

字节比较用于比较两个字节型整数值 IN1 和 IN2 的大小。字节比较是无符号的。

整数比较用于比较两个一个字长的整数值 IN1 和 IN2 的大小。整数比较是有符号的，其范围是 16＃8000～16＃7FFF。

双字整数比较用于比较两个双字长整数值 IN1 和 IN2 的大小。它们的比较也是有符号的，其范围是 16＃80000000～16＃7FFFFFFF。

实数比较用于比较两个双字长实数值 IN1 和 IN2 的大小。实数比较是有符号的。负实数范围为 $-3.402823\times10^{38}\sim-1.175495\times10^{-38}$，正实数范围是 $+1.175495\times10^{-38}\sim+3.402823\times10^{38}$。

（2）结束指令

结束指令分为有条件结束指令（END）和无条件结束指令（MEND）。两条指令在梯形图中以线圈形式编程。指令不含操作数。执行结束指令后，系统终止当前扫描周期，返回主程序起点。使用说明如下：

① 结束指令只能用在主程序中，不能在子程序和中断程序中使用，而有条件结束指令可用在无条件结束指令前结束主程序。

② 在调试程序时，在程序的适当位置置入无条件结束指令可实现程序的分段调试。

③ 可以利用程序执行的结果状态、系统状态或外部设置切换条件来调用有条件结束指令，使程序结束。

④ 使用 Micro/Win32 编程时，编程人员不需手工输入无条件结束指令，该软件会自动在内部加上一条无条件结束指令到主程序的结尾。

（3）停止指令

停止（STOP）指令有效时，可以使主机 CPU 的工作方式由 RUN 切换到 STOP，从而立即中止用户程序的执行。STOP 指令在梯形图中以线圈形式编程。指令不含操作数。

STOP 指令可以用在主程序、子程序和中断程序中。如果在中断程序中执行 STOP 指令，则中断处理立即中止，并忽略所有挂起的中断，继续扫描程序的剩余部分，在本次扫描周期结束后，完成将主机从 RUN 到 STOP 的切换。在程序中 STOP 和 END 指令通常用来对突发紧急事件进行处理，以避免实际生产中的意外损失。

（4）跳转指令

跳转指令可以使 PLC 编程的灵活性大大提高，可根据对不同条件的判断，选择不同的程序段执行程序。跳转指令和标号指令必须配合使用，而且只能用在同一程序段中，如主程序、同一个子程序或同一个中断程序，不能在不同的程序段中互相跳转。

跳转指令 JMP（jump to label）：当输入端有效时，使程序跳转到标号处执行。

标号指令 LBL（label）：指令跳转的目标标号。操作数 n 为 0～255。

（5）子程序调用指令

子程序在结构化程序设计中是一种方便有效的工具。S7-200 PLC 的指令系统具有简单、方便、灵活的子程序调用功能。与子程序有关的操作有：建立子程序、子程序的调用和返回。

① 建立子程序　建立子程序是通过编程软件来完成的。可用编程软件“编辑”菜单中的“插入”选项，选择“子程序”，来建立或插入一个新的子程序。同时，在指令树窗口可以看到新建的子程序图标，默认的程序名是 SBR_N，编号 N 从 0 开始按递增顺序生成；也可以在图标上直接更改子程序的程序名，把它变为更能描述该子程序功能的名字。在指令树窗口双击子程序的图标就可进入子程序，并对它进行编辑。

② 子程序调用指令 CALL 和子程序条件返回指令 CRET　在子程序调用指令 CALL 使能输入有效时，主程序把程序控制权交给子程序。子程序的调用可以带参数，也可以不带参数。它在梯形图中以指令盒的形式编程。

在子程序条件返回指令 CRET 使能输入有效时，结束子程序的执行，返回主程序中（此子程序调用的下一条指令）。它梯形图中以线圈的形式编程，指令不带参数。

7. 步进顺序控制指令

在运用 PLC 进行顺序控制时常采用顺序控制指令，这是一种由功能图设计梯形图的步进型指令。首先用程序流程图来描述程序的设计思想，然后再用指令编写出符合设计思想的程序。使用功能流程图可以描述程序的顺序执行、循环、条件分支，程序的合并等功能流程概念。顺序控制指令可以将程序功能流程图转换成梯形图程序，功能流程图是设计梯形图程序的基础。

（1）功能流程图简介

功能流程图是按照顺序控制的思想，根据工艺过程输出量的状态变化，将一个工作周期划分为若干顺序相连的步。在任何一步内，各输出量的 ON/OFF 状态均不变，但是相邻两步输出量的状态是不同的。所以，可以将程序的执行分成各个程序步，通常用顺序控制继电器的位 S0.0～S31.7 代表程序的状态步。使系统由当前步进入下一步的信号称为转换条件，又称步进条件。转换条件可以是外部的输入信号，如按钮、指令开关、限位开关的接通/断开等；也可以是程序运行中产生的信号，如定时器、计数器常开触点的接通等；还可能是若干个信号的逻辑运算的组合。一个三步循环步进的功能流程如图 3-10 所示。功能流程图中的每个方框代表一个状态步，如图中 1、2、3 分别代表程序 3 步状态。与控制过程的初始状态相对应的步称为初始步，用双线框表示。可以分别用 S0.0、S0.1、S0.2 表示上述的三个状态步，程序执行到某步时，该步状态位置 1，其余为 0。如执行第一步时，S0.0=1，而

S0.1、S0.2 全为 0。每步所驱动的负载，称为步动作，用方框中的文字或符号表示，并用线将该方框和相应的步相连。状态步之间用有向连线连接，表示状态步转移的方向；有向连线上没有箭头标注时，方向为自上而下，自左而右。有向连线上的短线表示状态步的转换条件。

图 3-10 循环步进功能流程图

（2）顺序控制指令

顺序控制用 3 条指令描述程序的顺序控制步进状态（表 3-10）。

① 顺序步开始指令（LSCR） 顺序控制继电器位 $S_{X,Y}=1$ 时，该程序步执行。

② 顺序步结束指令（SCRE） 顺序步的处理程序在 LSCR 和 SCRE 之间。

③ 顺序步转移指令（SCRT） 使能输入有效时，将本顺序步的顺序控制继电器位清零，下一步顺序控制继电器位置 1。

表 3-10 顺序控制指令格式

LAD	STL	说明
??.? SCR	LSCR *n*	步开始指令，为步开始的标志。该步状态元件的位置 1 时，执行该步
??.? —(SCRT)	SCRT *n*	步转移指令，使能有效时，关断本步，进入下一步。该指令由转换条件的接点启动，*n* 为下一步的顺序控制状态元件
—(SCRE)	SCRE	步结束指令，为步结束的标志

顺序控制指令应用时应注意：

① 步进控制指令 SCR 只对状态元件 S 有效。为了保证程序的可靠运行，驱动状态元件 S 的信号应采用短脉冲。

② 当输出需要保持时，可使用 S/R 指令。

③ 不能把同一编号的状态元件用在不同的程序中。例如，若在主程序中使用了 S0.1，就不能在子程序中再使用了。

④ 在 SCR 段中不能使用 JMP 和 LBL 指令，即不允许跳入或跳出 SCR 段，也不允许在 SCR 段内跳转。可以使用跳转和标号指令在 SCR 段周围跳转。

⑤ 不能在 SCR 段中使用 FOR、NEXT 和 END 指令。

（3）应用举例

例题 3 使用顺序控制结构，编写出实现红、绿灯循环显示的程序（要求循环间隔时间为 1s）。

根据控制要求，首先画出红、绿灯顺序显示的功能流程图（图 3-11）。启动条件为按钮 I0.0，步进条件为时间，状态步的动作为点红灯、熄绿灯，同时启动定时器。步进条件满足时，关断本步，进入下一步。程序如图 3-12 所示。

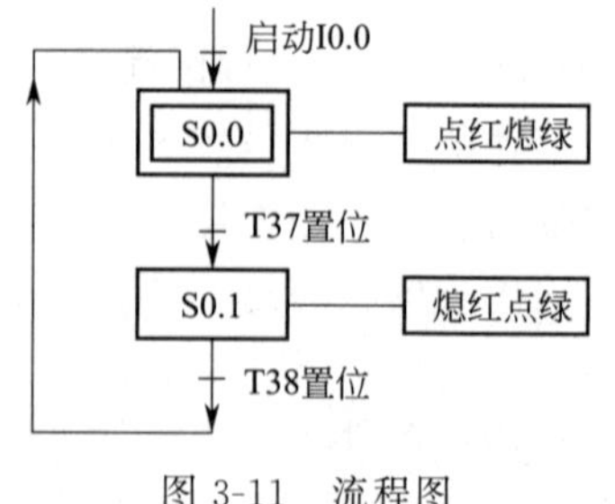

图 3-11 流程图

分析：当 I0.0 输入有效时，启动 S0.0，执行程序的第一步，输出 Q0.0 置 1（点亮红灯），Q0.1 置 0（熄灭绿灯）；同时启动定时器 T37，经过 1s，步进转移指令使得 S0.1 置 1，S0.0 置 0，程序进入第二步，输出点 Q0.1 置 1（点亮绿灯），输出点 Q0.0 置 0（熄灭红灯）；同时启动定时器 T38，经过 1s，步进转移指令使得 S0.0 置

1，S0.1 置 0，程序进入第一步执行。如此周而复始，循环工作。

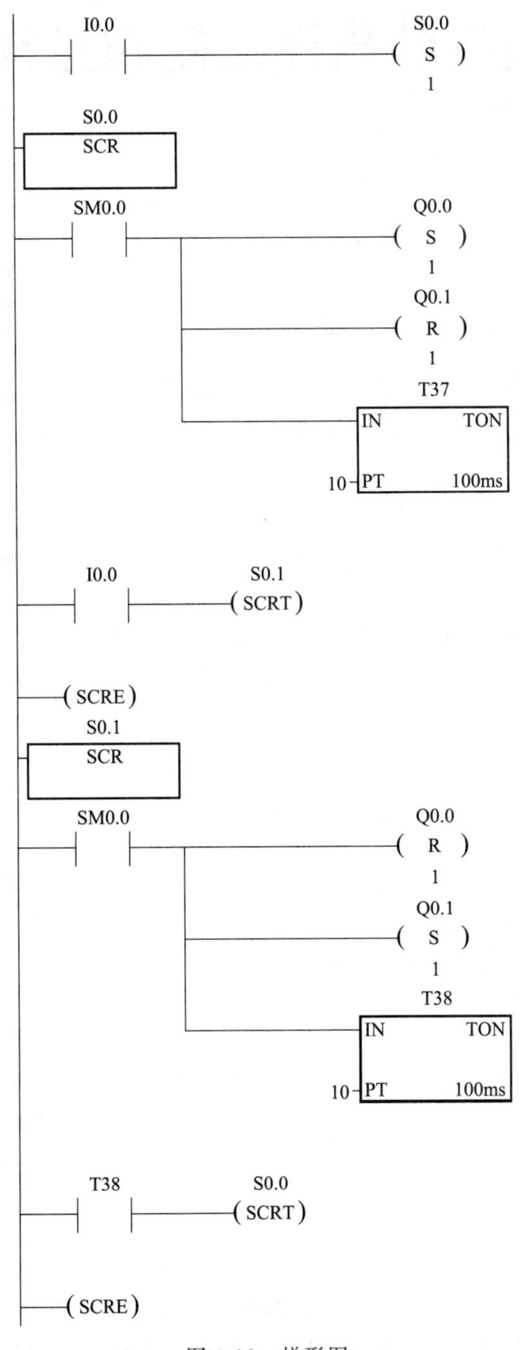

图 3-12　梯形图

学习成果评价

尝试编写程序：用一个按钮 SB 控制一个灯的亮灭。当按一下 SB 按钮时，灯亮；当再按一下 SB 按钮时，灯灭。

任务三
PLC对电动机的自锁控制和互锁控制

工作任务

掌握自锁程序、互锁程序、置位和复位指令的应用。

任务目标

1. 掌握 S7-200 编程软件 STEP7-Micro/WIN32 的安装及与电脑的通信方法。
2. 掌握自锁程序、互锁程序、置位和复位指令的应用。
3. 熟悉 PLC 对电动机自锁、互锁控制的线路接线及调试。
4. 熟练绘制 PLC 对电动机自锁、互锁控制的电气原理图。

任务实施

一、设备配置

① S7-200 CPU224 或 CPU226PLC 一台。

② 安装有编程软件 STEP7-Micro/WIN32 的计算机一台。

③ 西门子 PC/PPI 通信电缆一条。

④ 三相异步电动机一台。

⑤ DC 24V 直流稳压电源、AC 220V 交流接触器、热继电器、断路器、选择开关、按钮、指示灯（DC 24V）、电工工具及导线若干。

二、操作内容

1. 自锁程序

① 控制要求。自锁程序，也称启动、保持和停止电路，其梯形图和对应的 PLC 外部接线图如图 3-13、图 3-14 所示。启动按钮 SB1 和停止按钮 SB2 分别接在输入端 I0.0 和 I0.1，负载灯接在输出端 Q0.0。启保停电路最主要的特点是具有“记忆”功能，按下启动按钮，I0.0 的常开触点接通，如果这时未按停止按钮，I0.1 的常闭触点接通，Q0.0 的线圈“通电”，其常开触点同时接通，灯保持亮。放开启动按钮，I0.0 的常开触点断开，“能流”经 Q0.0 的常开触点和 I0.1 的常闭触点流过 Q0.0 的线圈，Q0.0 仍有输出，灯一直保持亮，这就是所谓的“自锁”功能。按下停止按钮，I0.1 的常闭触点断开，使 Q0.0 的线圈断电，其常开触点断开，以后即使放开停止按钮，I0.1 的常闭触点恢复接通状态，Q0.0 的线圈仍

然“断电”，灯熄灭。

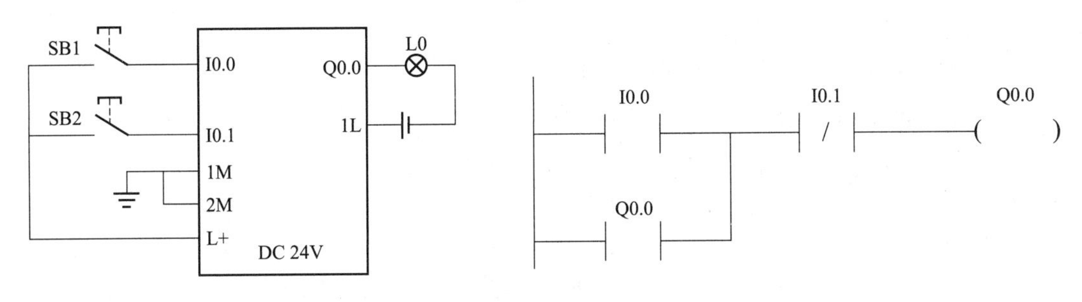

图 3-13　外部接线图　　　　图 3-14　自锁程序梯形图

② 按图 3-15、连接上位计算机与 PLC。

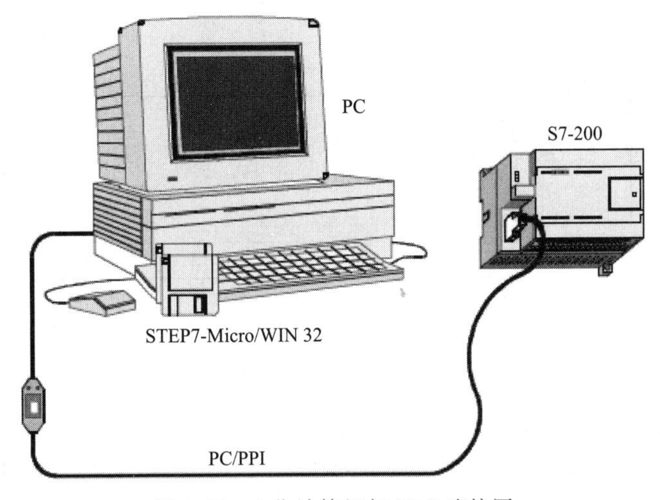

图 3-15　上位计算机与 PLC 连接图

③ 正确完成 PLC 端子与开关、指示灯接线端子之间的连接操作。

④ 按“控制接线图”连接 PLC 外围电路；打开软件，点击 设置 PG/PC 接口，在弹出的对话框中选择“PC/PPI 通信方式”，点击 属性(R)...，设置 PC/PPI 属性（图 3-16）。

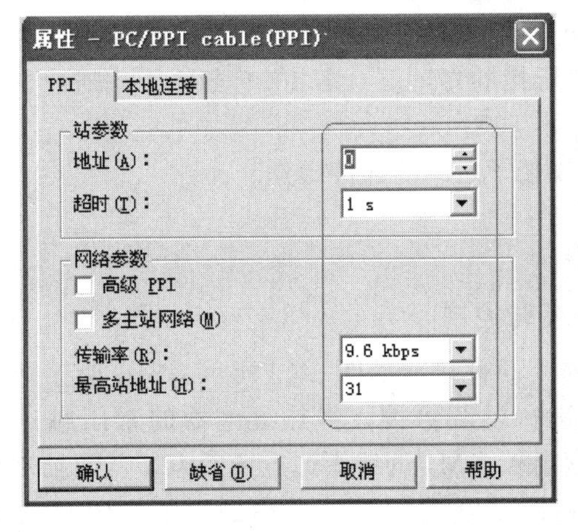

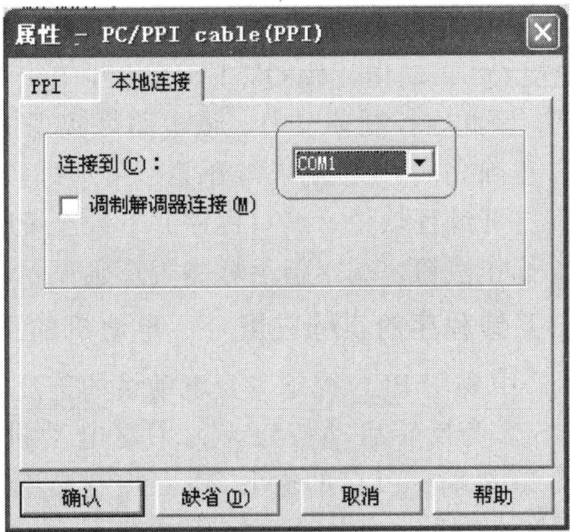

图 3-16　PC/PPI 属性设置

⑤ 编译实训程序，确认无误后，点击▼，将程序下载至 PLC 中；下载完毕后，将 PLC 模式选择开关拨至 RUN 状态。

⑥ 操作按钮，观察指示灯能否正确显示。

2. 自锁程序的实际应用——电动机的启停控制

生产中要用 PLC 控制一台电动机的启动与停止，硬件接线如图 3-17 所示。SB1 为启动按钮，SB2 为停止按钮，为了对电动机进行过载保护，将热继电器的常闭触点接在 PLC 的 I0.2 端。PLC 的输出 Q0.0 控制交流接触器 KM 的线圈通电或断电，从而控制交流接触器的三对主触头接通或断开，达到控制电动机启停的目的。根据上述要求，自己尝试进行接线、编程与调试，完成电动机的启停控制。

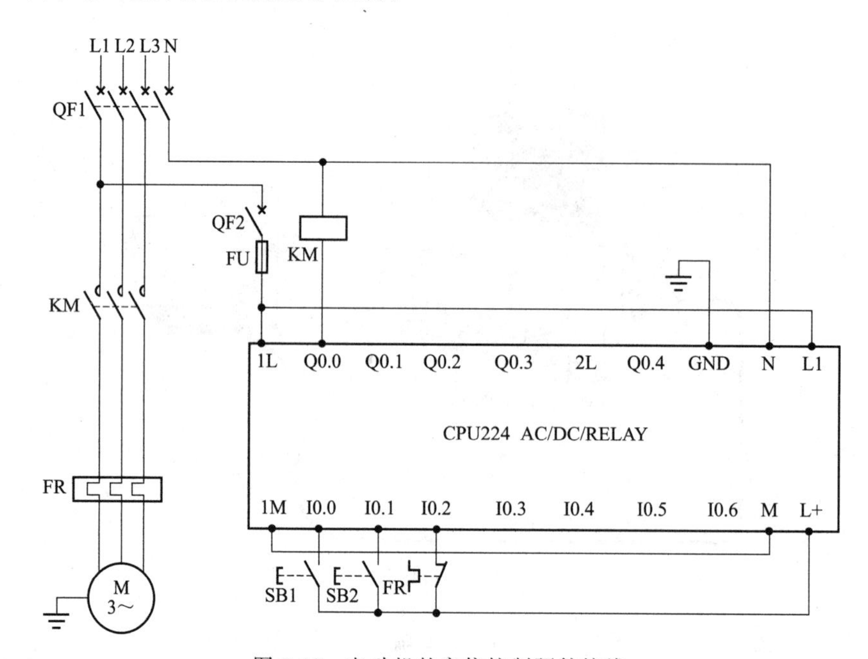

图 3-17 电动机的启停控制硬件接线

3. 互锁程序

① 控制要求。如图 3-18 所示，输入信号为 I0.0 和 I0.1，若 I0.0 先接通，Q0.0 自保持，Q0.0 有输出，Q0.0 所接的灯保持亮；同时 Q0.0 的常闭触点断开，即使 I0.1 接通，也不能使 Q0.1 动作，故 Q0.1 无输出，Q0.1 所接的灯不亮。若 I0.1 先接通，则情形与前述相反。因此在控制环节中，该电路可实现信号互锁。

② 正确完成 PLC 端子与开关、指示灯接线端子之间的连接操作。

③ 打开编程软件，编写程序并下载至 PLC 中。

④ 操作按钮，观察指示灯能否正确显示。

4. 互锁程序的实际应用——电动机的正反转控制

生产中要用 PLC 控制一台电动机的正反转，硬件接线如图 3-19 所示。SB1 为正转启动按钮，SB2 为反转启动按钮，为了对电动机进行过载保护，将热继电器的常闭触点接在 PLC 的 I0.3 端。PLC 的输出 Q0.0 控制交流接触器 KM1 的线圈通电或断电，从而控制交流接触器 KM1 的三对主触头接通或断开，达到控制电动机正转启动的目的。PLC 的输出 Q0.1 控制交流接触器 KM2 的线圈通电或断电，从而控制交流接触器 KM2 的三对主触头接

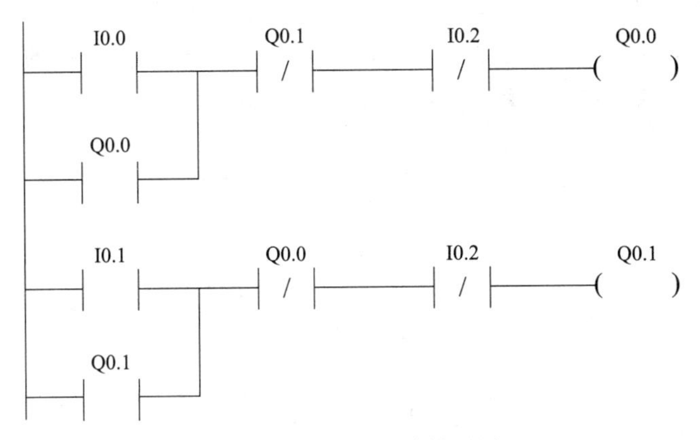

图 3-18　互锁电路梯形图

通或断开，达到控制电动机反转启动的目的。

电动机在正反转切换时，为了防止因主电路电流过大，或接触器质量不好，某一接触器的主触点被断电时产生的电弧熔焊而黏结，其线圈断电后主触点仍然是接通的。这时，如果另一接触器线圈通电，仍将造成三相电源短路事故。为了防止这种情况的出现，在可编程控制器的外部设置了由 KM1 和 KM2 的常闭触点组成的硬件互锁电路。根据上述要求，自己尝试进行接线、编程与调试，完成电动机的正反转控制。

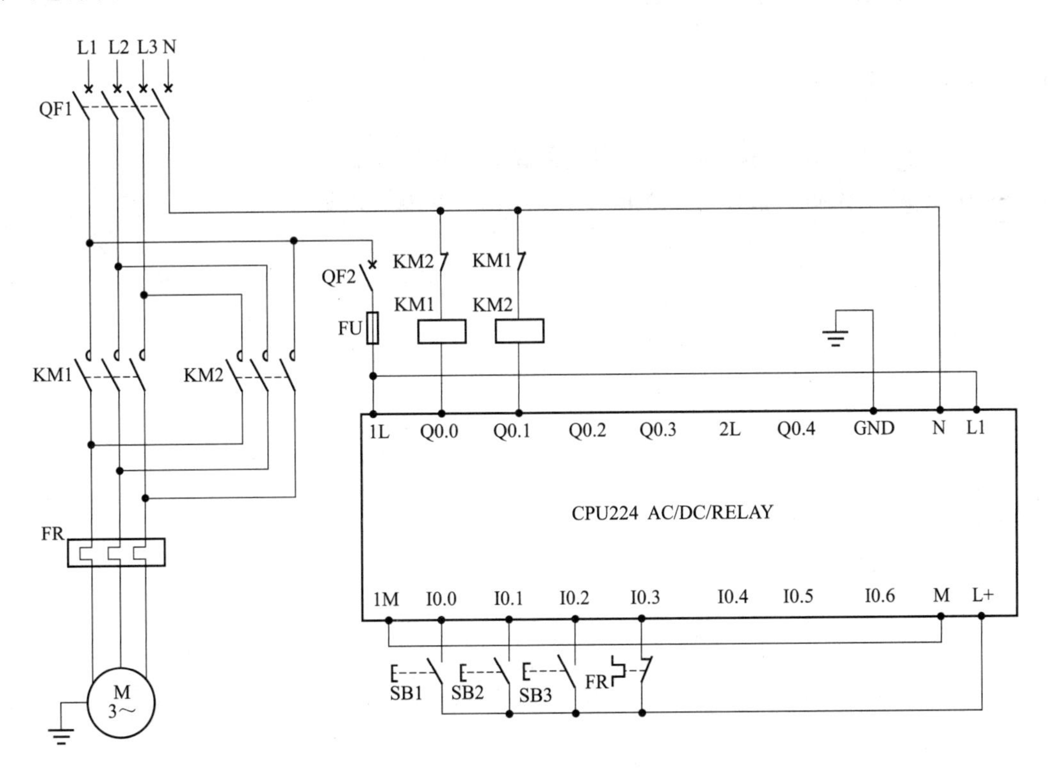

图 3-19　电动机的正反转控制硬件接线

5. 置位指令和复位指令

灯的亮灭和电动机的启停控制也可以用 S 和 R 指令来实现。I0.0 所接的按钮按下时，

Q0.0 位置 1，Q0.0 有输出，其所接的灯或交流接触器的线圈通电，灯亮或电动机启动运转。当 I0.1 所接的按钮按下时，Q0.0 位复位，Q0.0 无输出，其所接的灯或交流接触器的线圈失电，灯灭或电动机停止运转。其程序如图 3-20 所示。

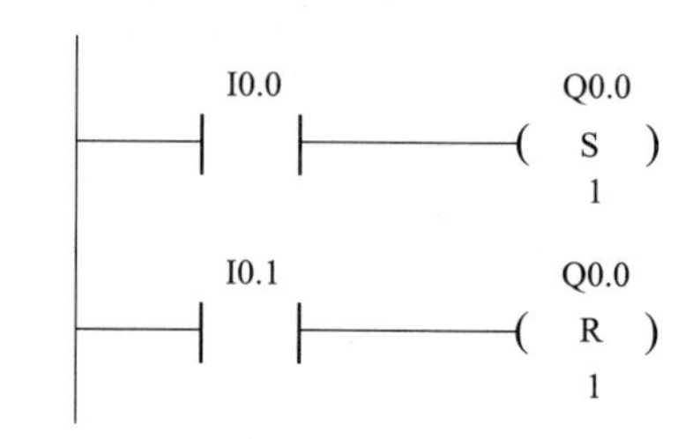

图 3-20　灯的亮灭和电动机的启停控制程序

任务拓展

编程练习：按钮 SB1、SB2 分别接 S7-200PLC 的 I0.0 和 I1.5 输入端，DC 24V 指示灯 L0、L1、L2 接输出端 Q0.0、Q0.4、Q1.1，当 SB1 按下时，灯 L0、L1、L2 全亮；松开按钮 SB1，按下 SB2 时，灯 L0 不亮，灯 L1、L2 全亮。按要求画出硬件接线图和 I/O 端口分配功能表，编写程序并验证。

学习成果评价

1. 画出 PLC 控制电动机启停的硬件接线图，并编写控制程序。
2. 画出 PLC 控制电动机正反转的硬件接线图，并编写控制程序。

任务四
PLC 对电动机的定时控制

工作任务 >>

掌握定时器指令的应用。

任务目标 >>

1. 掌握定时器指令的应用，利用定时器指令完成对电动机的复杂控制。
2. 熟悉 PLC 对电动机定时控制的线路接线及调试。

任务实施 >>

一、设备配置

① S7-200 CPU224 或 CPU226PLC 一台。

② 安装有编程软件 STEP7-Micro/WIN32 的计算机一台。

③ 西门子 PC/PPI 通信电缆一条。

④ 三相异步电动机一台。

⑤ DC 24V 直流稳压电源、AC 220V 交流接触器、热继电器、断路器、选择开关、按钮、指示灯（DC 24V）、电工工具及导线若干。

二、操作内容

1. 定时器指令

（1）通电延时定时器（TON）指令的应用

① 控制要求。用一选择开关 K0 连接 PLC 的输入端 I0.0，输出端接 DV 24V 指示灯 L0。要求合上选择开关，灯 L0 不亮，5s 后再开始亮。

② 正确完成 PLC 端子与开关、指示灯接线端子之间的连接操作。

③ 打开编程软件，编写程序并下载至 PLC 中，如图 3-21 所示。

④ 操作开关，观察指示灯能否正确显示。

⑤ 若用定时器 T34，要达到相同的控制效果，应如何修改程序？

⑥ 用按钮 SB0 代替选择开关 K0，要达到相同的控制效果，应如何修改程序？

⑦ 若要求合上选择开关前，灯 L0 一直保持亮，合上选择开关 10s 后 L0 再熄灭，应如何编写程序？

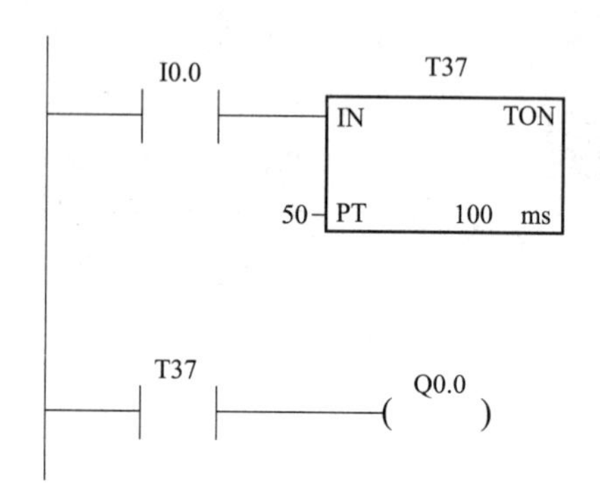

图 3-21 通电延时程序

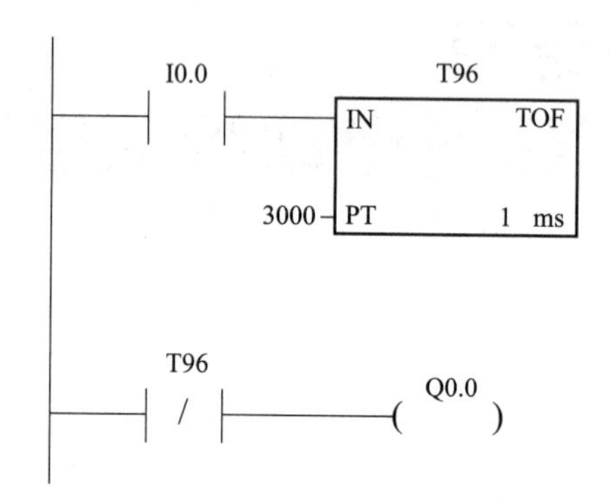

图 3-22 断电延时程序

（2）断电延时型定时器（TOF）指令的应用

① 控制要求。用一选择开关 K0 连接 PLC 的输入端 I0.0，表示某控制系统的运行状态。输出端 Q0.0 接 DV 24V 指示灯 L0。控制系统正常运行时 I0.0 保持接通状态，若系统出现故障时 I0.0 能自动断开，并延时 3s 通过 Q0.0 发出报警信号（灯 L0 亮）。

② 正确完成 PLC 端子与开关、指示灯接线端子之间的连接操作。

③ 打开编程软件，编写程序并下载至 PLC 中，如图 3-22 所示。

④ 操作开关，观察指示灯能否正确显示。

（3）记忆型通电延时定时器（TONR）指令的应用

① 控制要求。某设备间歇性工作，要求总工作时间达 60s 后系统发出报告信息。该设备工作时 I0.0 得电，达到工作时间由 Q0.0 发出报告信息（发光）；报告信息清除由 I0.1 得电控制。

I0.0、I0.1 分别接按钮 SB0、SB1，间断按下按钮 SB0，表示设备处于相应的间歇工作状态；监控定时器的时间变化，当设备工作时间累计达到 60s 时，观察指示灯的变化。

② 正确完成 PLC 端子与开关、指示灯接线端子之间的连接操作。

③ 打开编程软件，编写程序并下载至 PLC 中，如图 3-23 所示。

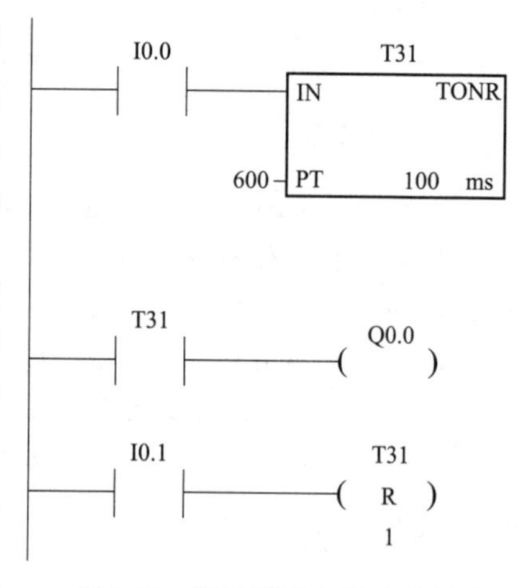

图 3-23 记忆型通电延时程序

④ 操作按钮，观察指示灯能否正确显示。

2. 定时器指令的实际应用——电动机的延时控制

生产中要用 PLC 控制一台电动机运行，其硬件接线如图 3-24 所示。SB1 为启动按钮，SB2 为停止按钮，为了对电动机进行过载保护，将热继电器的常闭触点接在 PLC 的 I0.2 端。PLC 的输出 Q0.0 控制交流接触器 KM 的线圈通电或断电，从而控制交流接触器的三对主触头接通或断开，达到控制电动机启停运行的目的。要求按下按钮 SB1，电动机启动运转，100s 后自动停止，停止后再过 30s，电动机又自行启动运转；任何时刻按下按钮 SB2，电动机均能停止运转。根据上述要求，进行接线、编程与调试，完成电动机的延时控制。其参考程序如图 3-25 所示。

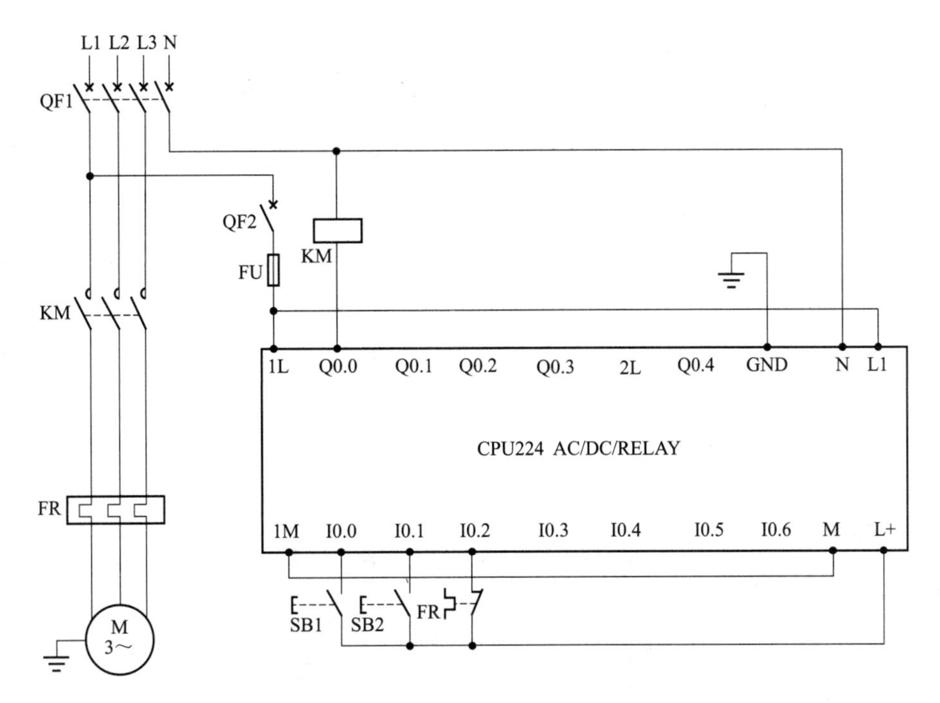

图 3-24 电动机的延时控制硬件接线

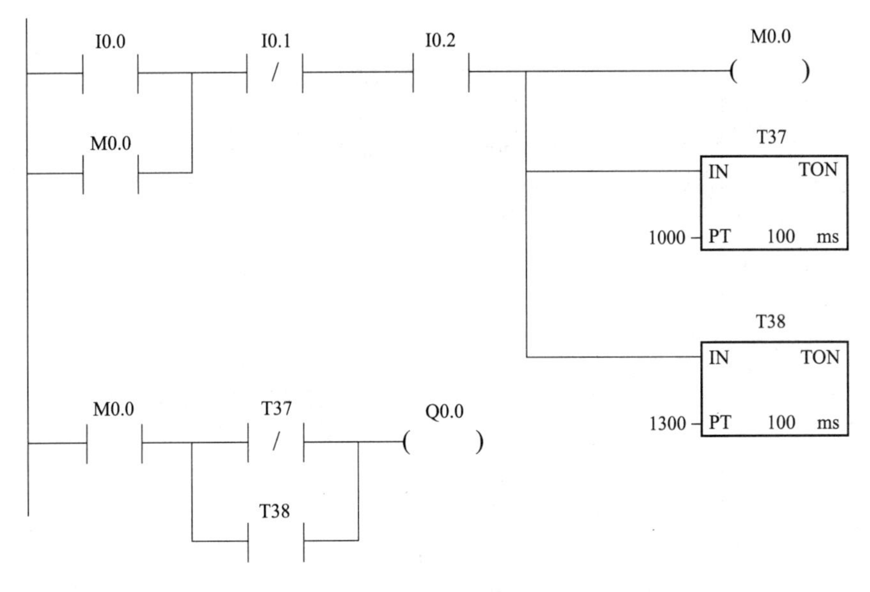

图 3-25 电动机的延时控制程序

3. 脉宽和周期可调的脉冲发生器（闪烁信号）

利用定时器指令，制作一脉宽和周期可调的脉冲发生器（闪烁信号），要求 I0.0 所接的选择开关 K0 闭合时，Q0.0 所接的指示灯以亮 1s、灭 3s 的频率闪烁。可通过修改定时器的设定值改变亮灭的时间长短。断开选择开关 K0 时，闪烁信号停止。其参考程序如图 3-26 所示。

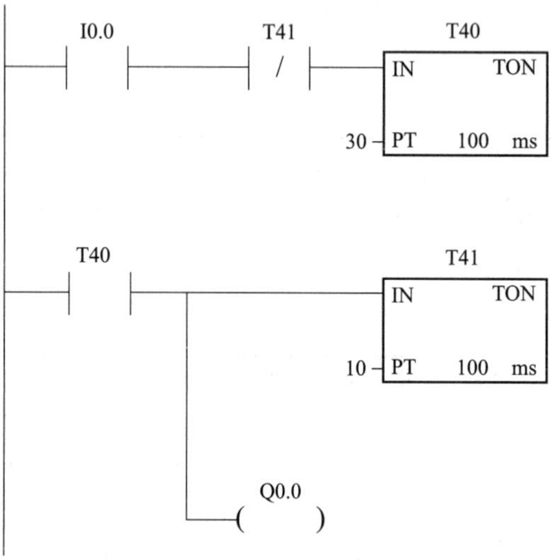

I0.0
T41
T40
IN
TON
30
PT
100 ms
T40
T41
IN
TON
10
PT
100 ms
Q0.0

图 3-26　闪烁信号程序

I0.0
T38
T37
IN
TON
5
PT
100 ms
T37
T38
IN
TON
5
PT
100 ms
I0.0
T37
Q0.0
I0.1
T40
T39
IN
TON
5
PT
100 ms
T39
T40
IN
TON
5
PT
100 ms
I0.1
T39
Q0.1

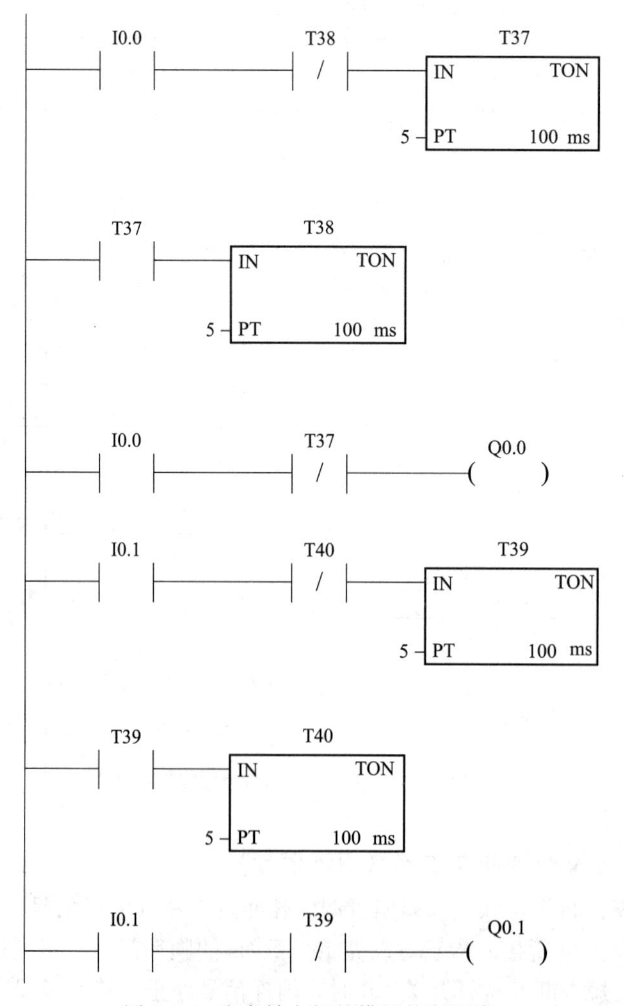

图 3-27　汽车转向灯的模拟控制程序

4. 脉冲发生器的实际应用——汽车转向灯的模拟控制

利用脉冲发生器的原理，模拟汽车转向灯的控制，要求用一个三选开关进行控制。当开关扳到左侧时，I0.0 接通，表示左转的指示灯（接 Q0.0）以亮 0.5s、灭 0.5s 的频率闪烁；开关扳到中间位置时，I0.0 断开，表示左转的指示灯停止闪烁。当开关扳到右侧时，I0.1 接通，表示右转的指示灯（接 Q0.1）以亮 0.5s、灭 0.5s 的频率闪烁；开关扳到中间位置时，I0.1 断开，表示右转的指示灯停止闪烁。可通过修改定时器的设定值改变亮灭的时间长短。其参考程序如图 3-27 所示。

任务拓展 >>

编程练习：生产中用 PLC 控制一台电动机运行，SB1 为启动按钮，SB2 为停止按钮，为了对电动机进行过载保护，将热继电器的常闭触点接在 PLC 的 I0.2 端。PLC 的输出 Q0.0 控制交流接触器 KM 的线圈通电或断电，从而控制交流接触器的三对主触头接通或断开，达到控制电动机启停运行的目的。要求按下按钮 SB1，电动机启动运转，60s 后自动停止，停止后再过 20s，电动机又自行启动运转，并在 15s 后自动停止运转；任何时刻按下按钮 SB2，电动机均能停止运转。根据上述要求，画出 PLC 控制电动机的硬件接线图，编写控制程序并调试运行，完成电动机的延时控制。

学习成果评价 >>

编程测验：3 台电动机的延时控制。

PLC 的输出 Q0.0、Q0.1 和 Q0.2 分别接交流接触器 KM1、KM2 和 KM3 的线圈，采用一个按钮控制 3 台电动机依次启动。要求按下 I0.0 所接的按钮，第一台电动机立刻启动，第二台电动机 10s 后启动，第三台电动机 30s 后启动；按下 I0.1 所接的按钮，三台电动机全部停止转动。画出硬件接线图并编写程序。

任务五
计数器指令的应用

工作任务

掌握计数器指令的应用，了解光电开关的结构、原理及作用。

任务目标

1. 掌握计数器指令的应用，利用计数器指令完成对电动机的复杂控制。
2. 熟悉计数器指令应用控制线路的接线及调试。
3. 掌握定时器指令与计数器指令配合实现时间的扩展编程。

任务实施

一、设备配置

① S7-200 CPU224 或 CPU226PLC 一台，三相异步电动机一台。

② 安装有编程软件 STEP7-Micro/WIN32 的计算机一台，

③ DC 24V 直流稳压电源、AC 220V 交流接触器、热继电器、断路器、选择开关、按钮、光电开关、指示灯（DC 24V）、电工工具及导线若干。

二、操作内容

1. 加计数器指令 CTU 编程训练

① 控制要求。I0.0 所接的按钮按每按一下，计数器 C20 就累加 1。当计数器 C20 的累加值大于等于其设定值 3 时，计数器 C20 的常开触点接通，Q0.0 有输出，其所接的灯得电，灯亮。当 I0.1 所接的按钮按下时，计数器 C20 复位，累加值清零，常开触点断开，Q0.0 没有输出，其所接的灯失电，灯灭。

② 正确完成 PLC 端子与开关、指示灯接线端子之间的连接操作。

③ 打开编程软件，编写程序并下载至 PLC 中，如图 3-28 所示。

④ 操作按钮，观察指示灯能否正确显示。

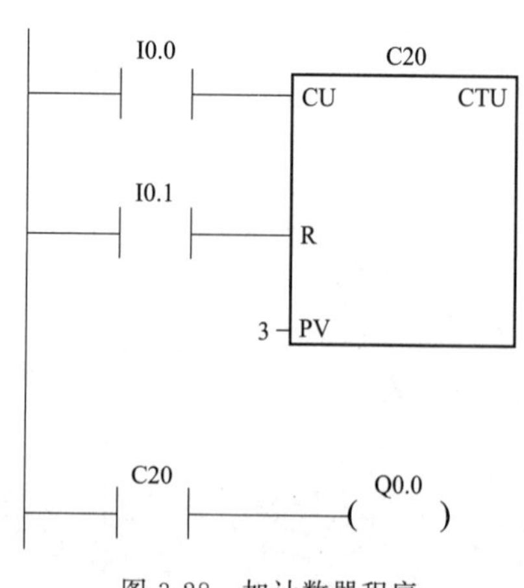

图 3-28　加计数器程序

2. 减计数器指令 CTD 编程训练

① 控制要求。I0.0 所接的按钮每按一下，计数器 C1 就减 1。当计数器 C1 的累减值等于其设定值 3，即计数器 C1 的当前值等于 0 时，计数器 C1 的常开触点接通，Q0.0 有输出，所接的灯亮。当 I0.1 所接的按钮按下时，计数器 C1 复位，当前值清零，常开触点断开，Q0.0 没有输出，其所接的灯失电，灯灭。程序中还用到了 C1 的常闭触点与 Q0.1 相连，注意监控此常闭触点和 Q0.1 的变化。

② 正确完成 PLC 端子与开关、指示灯接线端子之间的连接操作。

③ 打开编程软件，编写程序并下载至 PLC 中，如图 3-29 所示。

④ 操作按钮，观察指示灯能否正确显示。

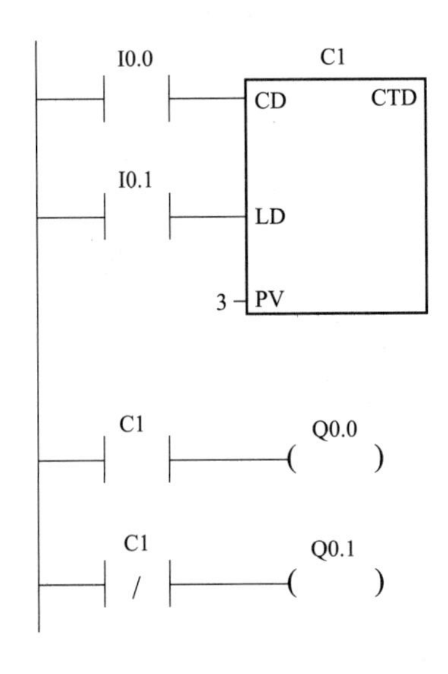

图 3-29　减计数器程序

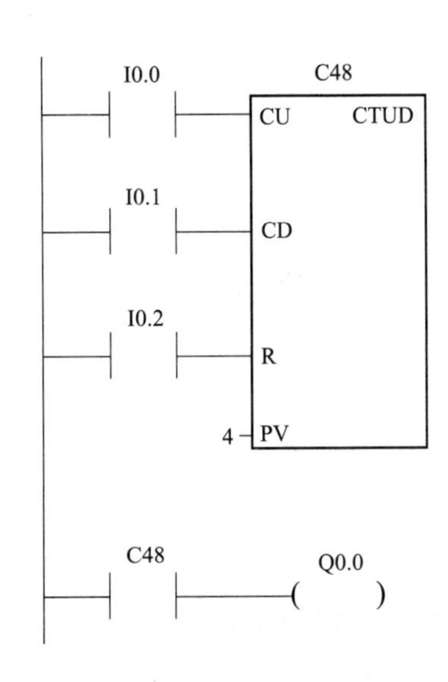

图 3-30　加减计数器程序

3. 加减计数器指令 CTUD 编程训练

① 控制要求。I0.0 所接的按钮每按一下，计数器 C48 就加 1；I0.1 所接的按钮每按一下，计数器 C1 就减 1。当计数器 C48 的当前值等于其设定值 4 时，计数器 C48 的常开触点接通，Q0.0 有输出，其所接的灯得电，灯亮。当 I0.2 所接的按钮按下时，计数器 C48 复位，常开触点断开，Q0.0 没有输出，其所接的灯失电，灯灭。

② 正确完成 PLC 端子与开关、指示灯接线端子之间的连接操作。

③ 打开编程软件，编写程序并下载至 PLC 中，如图 3-30 所示。

④ 操作按钮，观察指示灯能否正确显示。

4. 计数器计数值的扩展

单个加计数器的最大计数值为 32767，若在生产中计数产品的数量超过了 32767 时，应怎样计数?

可采用多个计数器结合来扩大计数范围，如图 3-31 所示的程序。

I0.0 与 I0.1 均接按钮。I0.0 所接的按钮每按一次，计数器 C1 的当前值就加 1，当按钮按下 5 次，即等于 C1 的设定值时，C1 的常开触点就导通一次，计数器 C2 的当前值就加 1；同时 C1 的常开触点还接在 C1 的复位端 R，对 C1 复位。当 I0.0 所接的按钮按下 $5\times3=15$（次）时，C2 的常开触点导通，与其相连的线圈 Q0.0 有输出，Q0.0 所接的指示灯变亮，表示按钮按下了 15 次。

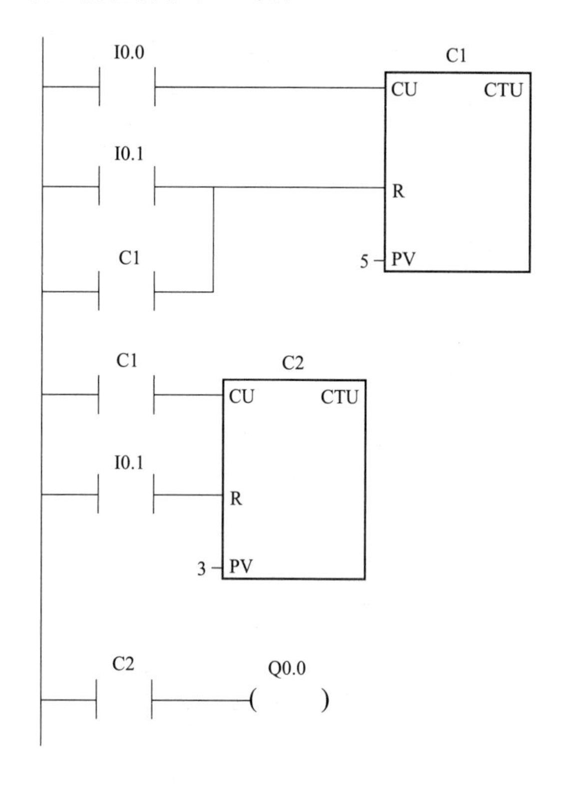

图 3-31 多个计数器结合程序

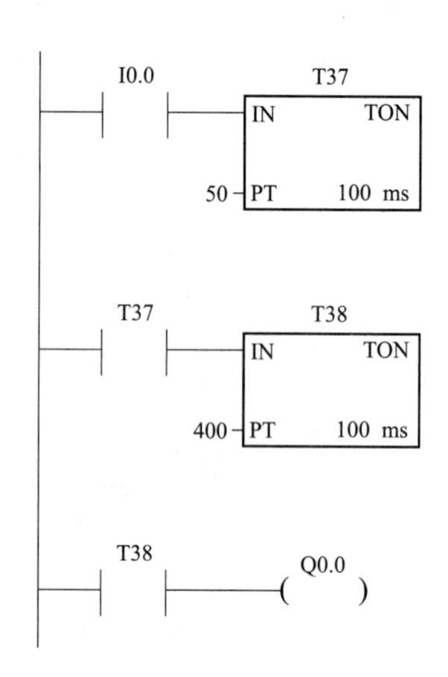

图 3-32 多个定时器串联程序

5. 定时时间的扩展

单个定时器的最大设定值为 32767，最大定时时间为 32767×100ms＝3276.7s，若在生产中定时时间超过了 3276.7s 时，应怎样定时？

可采取下面两种方法扩大定时时间范围。

（1）多个定时器串联实现时间的扩展

I0.0 接选择开关。当 I0.0 所接的选择开关闭合时，T37 开始计时；当 T37 的计时时间达到其设定值 50×100＝5000（ms）时，T37 的常开触点导通，T38 开始计时；当 T38 的计时时间达到其设定值 400×100＝40000（ms）时，T38 的常开触点导通，Q0.0 有输出，其所接的指示灯变亮，表示从 I0.0 所接的选择开关闭合到灯亮所用的时间为 $T=50\times100+400\times100=45000$（ms），即两个定时器设定时间的和。该程序如图 3-32 所示。

（2）定时器与计数器配合实现时间的扩展

I0.0 接选择开关。当 I0.0 所接的选择开关闭合时，T40 开始计时；当 T40 的计时时间达到其设定值 50×100＝5000（ms）时，T40 的常开触点导通，计数器 C1 的当前值就加 1，同时 T40 的常闭触点就分断一次，其当前值自动清零，然后重新开始计时。当 T40 的常开触点通断 3 次时，计数器 C1 的当前值也达到了设定值 3，其常开触点就导通，与 Q0.0 相接的指示灯变亮。所以从 I0.0 所接的选择开关闭合开始到灯亮所用的时间为 $T=50\times100\times3=15000$（ms），即定时器的时间设定值与计数器设定值的乘积。该程序如图 3-33 所示。

6. 计数器的实际应用——大输液瓶计数控制

在自动化生产过程中，我们常常需要对生产出来的产品进行计数，而这需要使用计数器

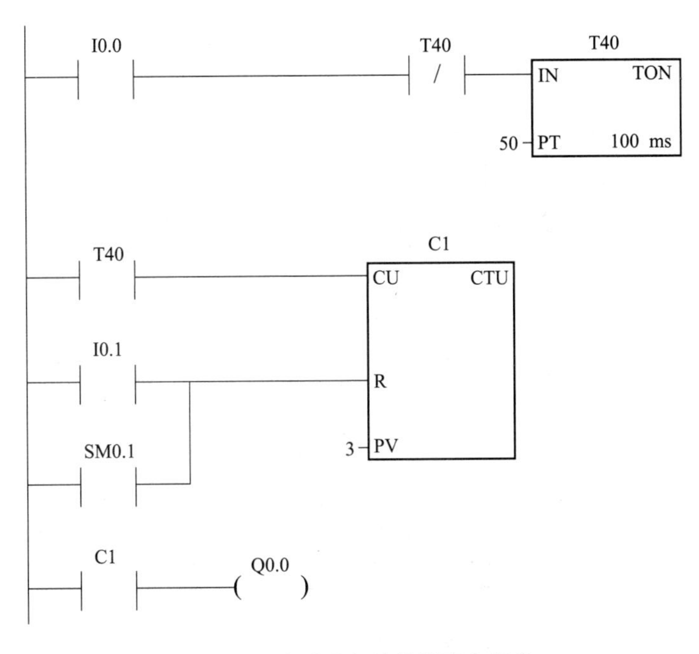

图 3-33　定时器与计数器配合程序

进行计数控制。图 3-34 是某药厂大输液瓶计数控制的生产线，传送带传送大输液瓶装箱，通过 A 或 B 点的光电开关检测产生计数脉冲信号来计算大输液瓶的数量。

光电开关（光电传感器）是光电接近开关的简称，它利用被检测物对光束的遮挡或反射，由同步回路选通电路，从而检测物体有无。物体不限于金属，所有能反射光线的物体均可被检测。光电开关将输入电流在发射器上转换为光信号射出，接收器再根据接收到的光线强弱或有无，对目标物体进行探测。多数光电开关选用的是波长接近可见光的红外线光波型。光电开关由发射器、接收器和检测电路三部分组成。发射器对准目标发射的光束一般来源于半导体光源、发光二极管（LED）、激光二极管及红外发射二极管。接收器由光电二极管或光电三极管、光电池组成。在接收器的前面，装有光学元件如透镜和光圈等，其后面的是检测电路，它能滤出有效信号和应用该信号。

根据图 3-34、图 3-35，自己编写程序，实现大输液线的玻瓶计数。

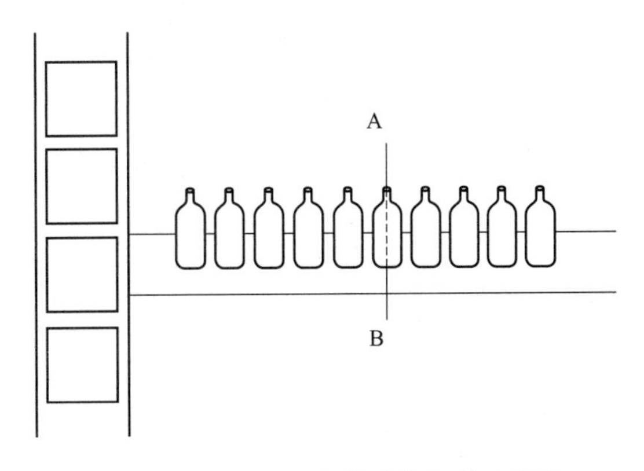

图 3-34　大输液瓶包装计数控制示意图

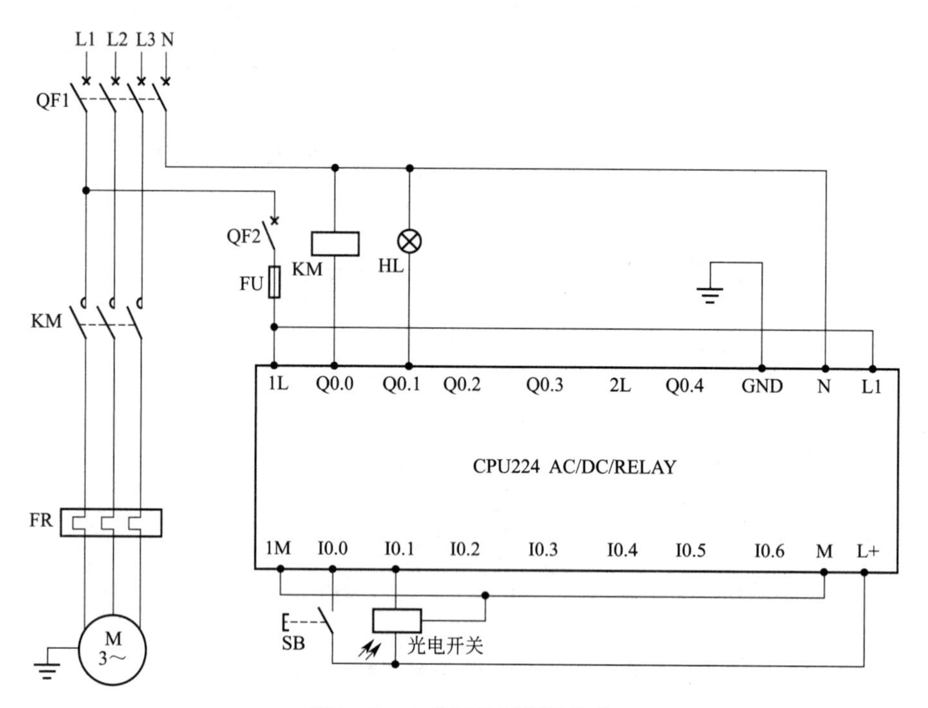

图 3-35　电动机控制硬件接线

任务拓展 >>

编程练习：定时时间的扩展。

利用 3 个定时器串联，实现定时时间的扩展。定时时间为 24h，时间到时，以 Q0.0 所接的指示灯变亮作为指示。

学习成果评价 >>

编程测验：PLC 的输出 Q0.0 接交流接触器的线圈，PLC 的输入 I0.0 接按钮 SB0、I0.1 接按钮 SB1 控制电动机 M。按下 SB0，电动机立刻启动运转，10s 后自动停止，过 5s 后又自动启动运转，运转 20s 后又自动停止。按下 SB1，可随时停止电动机。

任务六
比较指令的应用

工作任务

掌握比较指令的应用。

任务目标

1. 掌握计数器指令的应用，利用比较指令完成对电动机的复杂控制。
2. 熟悉比较指令应用控制线路的接线及调试。

任务实施

一、设备配置

① S7-200 CPU224 或 CPU226PLC 一台，三相异步电动机三台，电加热炉一台。

② 安装有编程软件 STEP7-Micro/WIN32 的计算机一台。

③ DC 24V 直流稳压电源、AC 220V 交流接触器、热继电器、断路器、选择开关、按钮、指示灯(DC 24V)、电工工具及导线若干。

二、操作内容

1. 比较指令的应用——3 台电动机的分时控制

① 控制要求。I0.0、I0.1 分别接按钮 SB0、SB1。按下按钮 SB0，电动机甲启动运转，15s 后电动机乙启动运转。电动机丙在按钮 SB0 按下后的 30～90s 之内运转。任何时刻按下 SB1，3 台电动机均全部停止。Q0.0、Q0.1 和 Q0.2 分别控制三个交流接触器的线圈得电或断电，从而控制相应电动机的启停。用比较指令完成这 3 台电动机的分时控制。

② 正确完成 PLC 硬件接线。打开编程软件，编写程序并下载至 PLC 中，如图 3-36 所示。

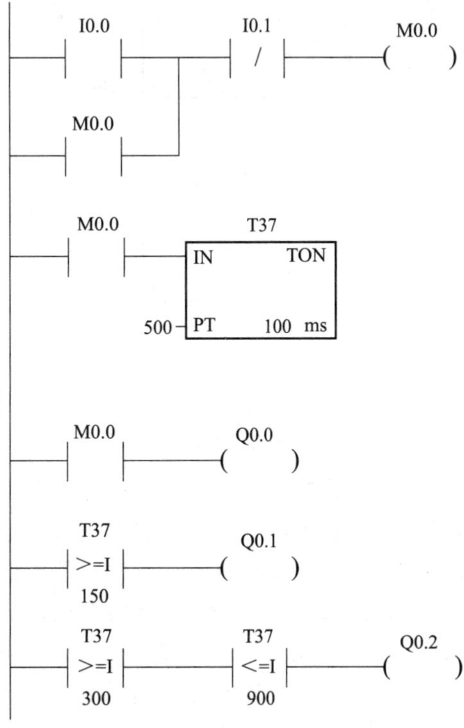

图 3-36　3 台电动机的分时控制程序

③ 操作按钮，观察电动机能否正确分时运行。

2. 数据传送指令的应用——3 台电动机的同时启停控制

① 控制要求。I0.0、I0.1 分别接按钮 SB0、SB1，Q0.0、Q0.1 和 Q0.2 分别控制三个交流接触器的线圈得电或断电，从而控制相应电动机的启停。按下按钮 SB0，3 台电动机同时启动运转。任何时刻按下 SB1，3 台电动机均同时停止。用数据传送指令完成这 3 台电动机的同时启停控制。

② 正确完成 PLC 端子与按钮、交流接触器等电器之间的连接。

③ 打开编程软件，编写程序并下载至 PLC 中，如图 3-37 所示。

④ 操作按钮，观察电动机能否正确分时运行。

⑤ 思考：若 3 台电动机分别由 Q0.3、Q0.5 和 Q0.6 控制，应怎样编写程序？

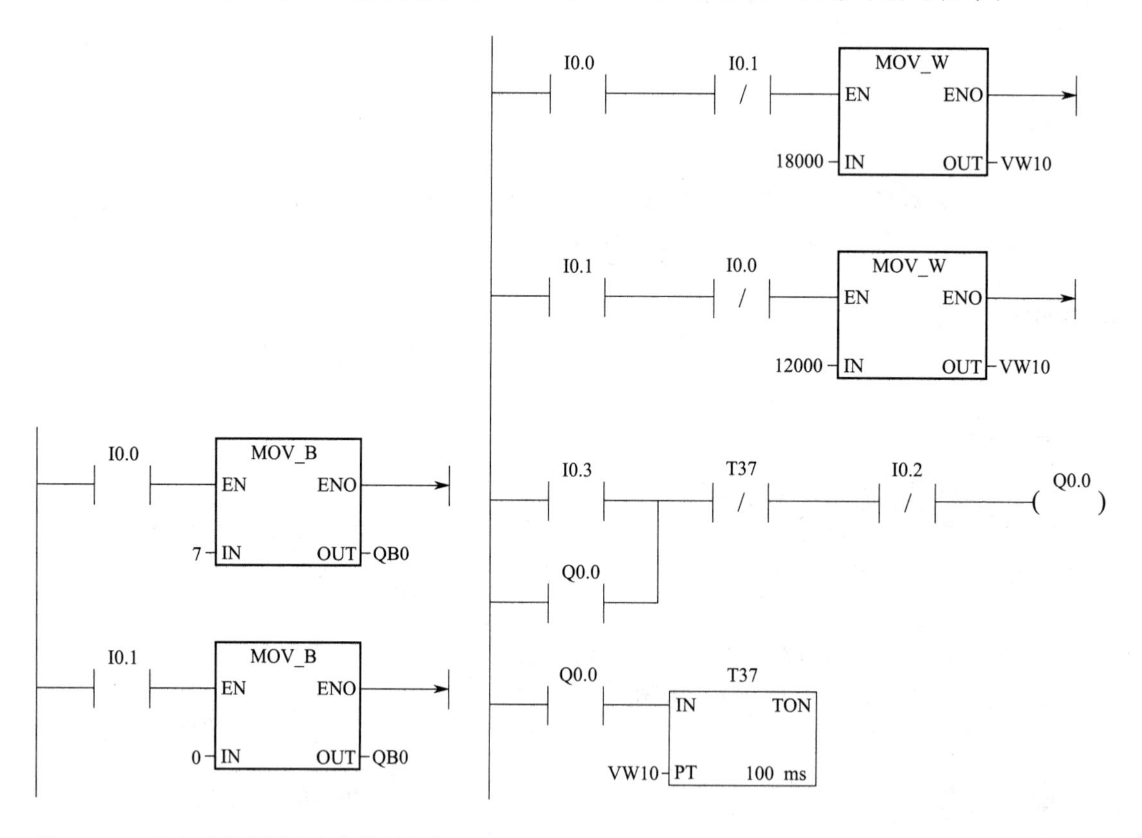

图 3-37　3 台电动机的同时启停控制程序

图 3-38　电加热炉的加热模式控制程序

3. 数据传送指令的又一应用——电加热炉的加热模式控制

① 控制要求。某厂生产的两种型号产品甲和乙所需的加热时间分别为 30min 和 20min。需用一个选择开关来设定加热时间，选择开关的两个挡位分别接 I0.0 和 I0.1，通过控制 I0.0 和 I0.1 的通断给定时器设置预置值。另设加热炉启动按钮 SB3（接 I0.3），通过 Q0.0 的输出来控制加热接触器的线圈通断，从而控制电加热丝的通电或断电。I0.2 所接的按钮 SB2 为停止按钮，任何时刻按下 SB2，电加热炉均立即停止加热。

② 正确完成 PLC 端子与按钮、交流接触器等电器之间的连接。

③ 编写程序，如图 3-38 所示，下载至 PLC 中。操作按钮，观察加热炉能否正确运行。

任务拓展 >>

编程练习：I0.0、I0.1分别接按钮SB0、SB1。按下按钮SB0，电动机甲启动运转，15s后电动机乙启动运转。电动机丙在按钮SB0按下35s后启动运转。任何时刻按下SB1，3台电动机均全部停止。Q0.0、Q0.1和Q0.2分别控制三个交流接触器的线圈得电或断电，从而控制相应电动机的启停。用比较指令完成这3台电动机的分时控制。

学习成果评价 >>

编程测验：灯闪烁次数的控制。

按下I0.0对应的启动按钮，Q0.0所接的指示灯以亮3s、灭2s的周期工作20次后自动停止。无论何时，按下I0.1对应的停止按钮，指示灯均立刻熄灭。

任务七
数据运算指令的应用

工作任务

掌握数据运算指令的应用。

任务目标

1. 掌握数据运算指令的编程方法。
2. 利用数据运算指令完成对生产过程的复杂控制。

任务实施

一、设备配置

① S7-200 CPU224 或 CPU226PLC 一台，EM235 一台。

② 安装有编程软件 STEP7-Micro/WIN32 的计算机一台。

③ DC 24V 直流稳压电源、选择开关、按钮、指示灯（DC 24V）、温度变送器、电工工具及导线若干。

二、操作内容

1. 加法指令的应用

控制要求：I0.0、I0.1 和 I0.2 分别接按钮 SB0、SB1、SB2。依次按下按钮 SB0、SB1、SB2，每按一个按钮之后，均通过监控功能，观察程序中变量存储器 VW10、VW20 和 VW30 中的数值变化，理解程序的作用。该程序如图 3-39 所示。

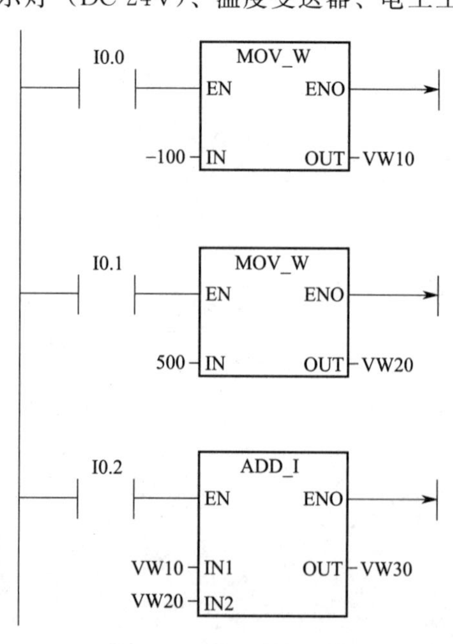

图 3-39 加法指令程序

2. 减法指令的应用

控制要求：I0.0 和 I0.1 分别接按钮 SB0 和 SB1。依次按下按钮 SB0 和 SB1，每按一个按钮之后，均通过监控功能，观察程序中变量存储器 VW10、VW20 和 VW30 中的数值变化，理解程序的作用。该程序如图 3-40 所示。

由于程序运算结果为负，影响负数标志位 SM1.2

置 1，所以 Q0.0 有输出。

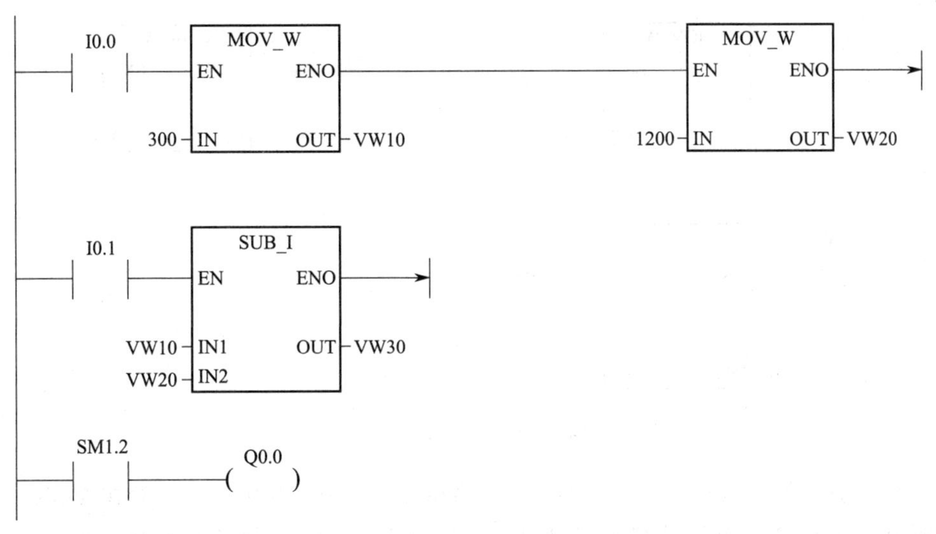

图 3-40　减法指令程序

3. 乘法指令的应用

控制要求：I0.0 和 I0.1 分别接按钮 SB0 和 SB1。依次按下按钮 SB0 和 SB1，每按一个按钮之后，均通过监控功能，观察程序中变量存储器 VW10、VW20 和 VW30 中的数值变化，理解程序的作用。该程序如图 3-41 所示。

SM1.1 为溢出标志位，当乘法结果大于一个字时，SM1.1 置 1，Q0.0 有输出。修改传送给 VW10 和 VW20 中的数值，看何时 Q0.0 有输出？

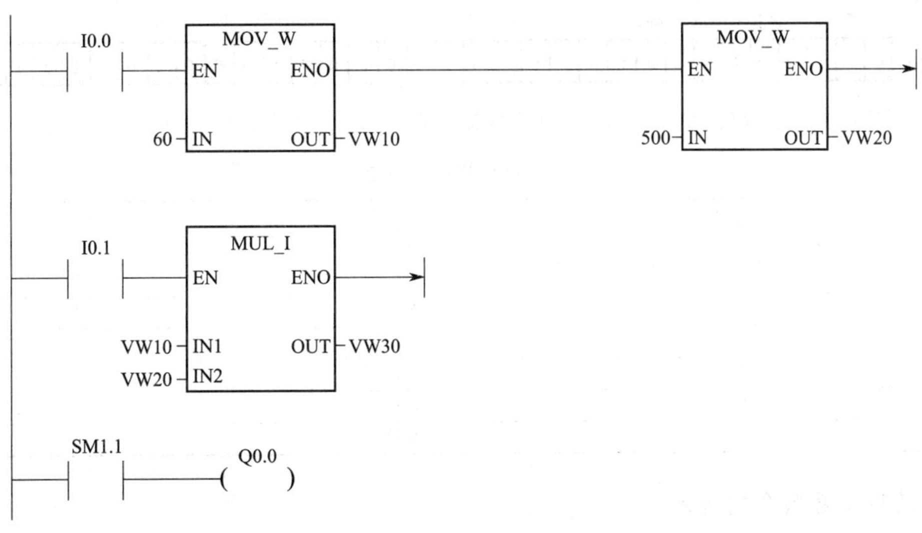

图 3-41　乘法指令程序

4. 除法指令的应用

控制要求：I0.0 和 I0.1 分别接按钮 SB0 和 SB1。依次按下按钮 SB0 和 SB1，每按一个按钮之后，均通过监控功能，观察程序中变量存储器 VW0、VW10 和 VD20 中的数值变化，理解程序的作用。该程序如图 3-42 所示。

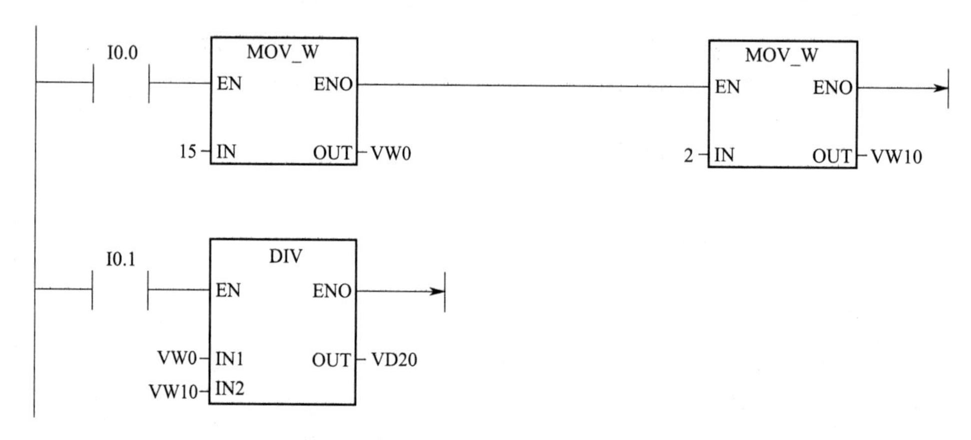

图 3-42　除法指令程序

该程序运算的结果（15/2=商 7 余 1）存储在 VD20 中，其中商 7 存储在 VW22 中，余数 1 存储在 VW20 中。其二进制格式为 0000 0000 0000 0001 0000 0000 0000 0111。

VD20 中各字节存储的数据分别是 VB20=0、VB21=1、VB22=0、VB23=7。

各字存储的数据分别是 VW20=+1、VW22=+7。

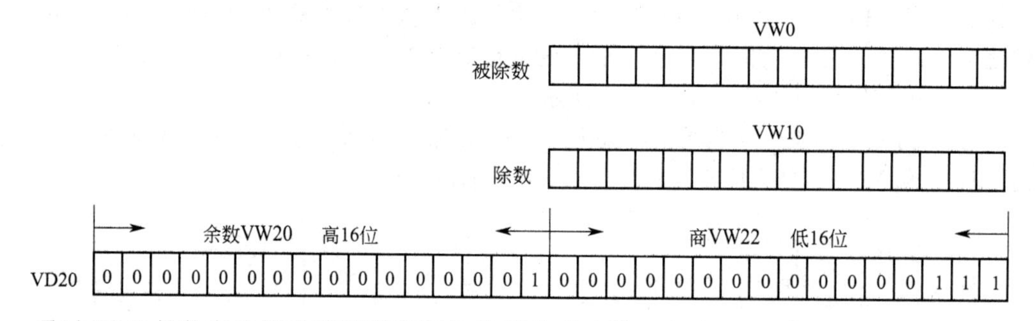

通过 PLC 的状态监控功能可观察到各数据的状态值，如表 3-11 所示。

表 3-11　状态监控表

序号	地址	格式	当前值
1	VD20	有符号	+65543
2	VB20	无符号	0
3	VB21	无符号	1
4	VB22	无符号	0
5	VB23	无符号	7
6	VW20	有符号	+1
7	VW22	有符号	+7

5. 函数运算指令的应用

控制要求：求角度 30°的余弦值，并将结果存储在 VD40 中。I0.0 接按钮 SB0。按下按钮 SB0 之后，通过监控功能，观察程序中各变量存储器中的数值变化，理解程序的作用。该程序如图 3-43 所示。

6. 数据转换指令的应用

控制要求：将 VW20 中的整数 300 和 VD30 中的实数 150.6 相加，应如何解决？I0.0

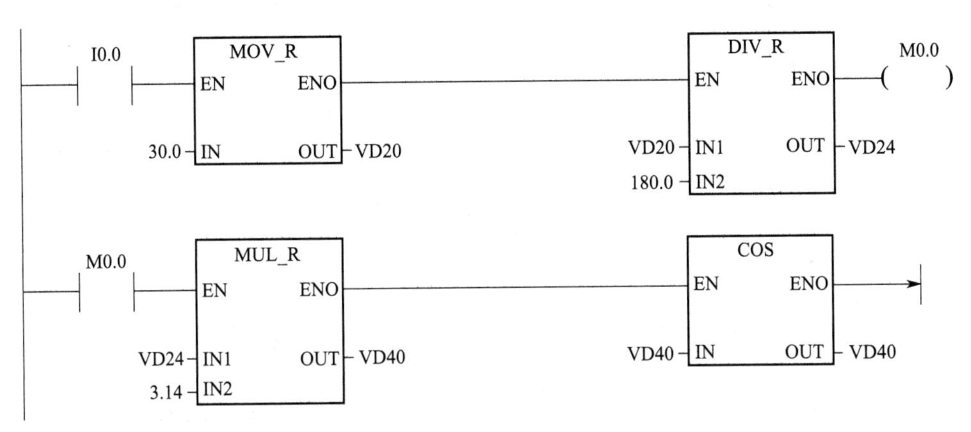

图 3-43　函数运算指令程序

接按钮 SB0。按下按钮 SB0 之后，通过监控功能，观察程序中各变量存储器中的数值变化，理解程序的作用。该程序如图 3-44 所示。

数据运算指令中要求参与运算的数值为同一类型，因此在数据处理时要对数据格式进行转换。

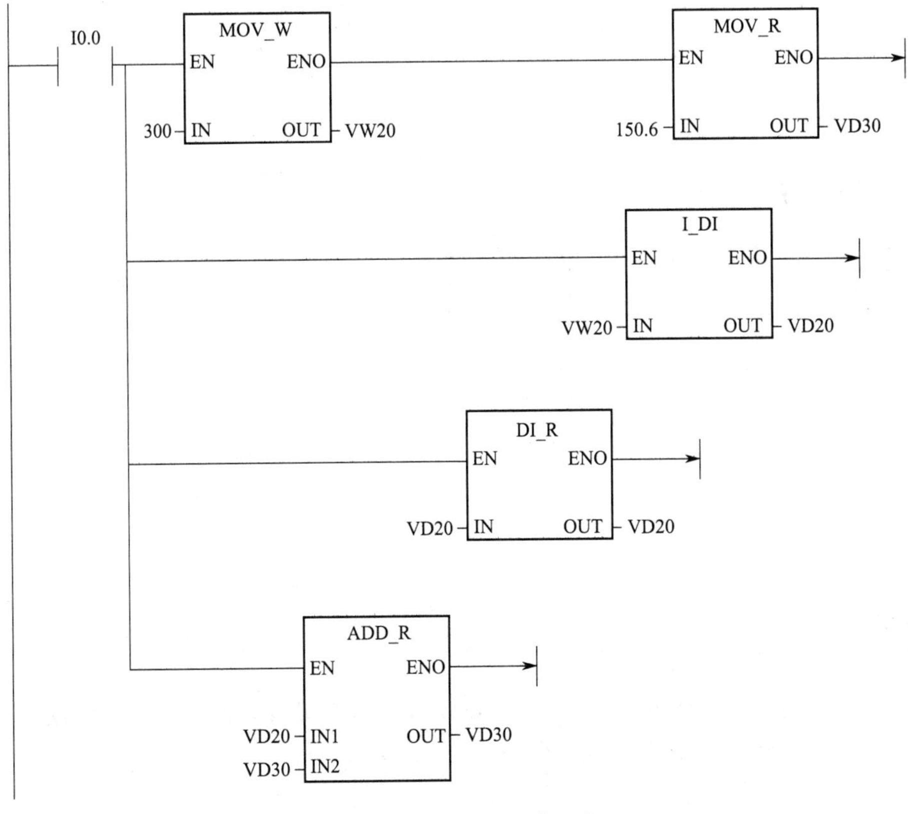

图 3-44　数据转换指令程序

7. 数据运算指令的实际应用——模拟量数据的采集滤波

控制要求：采集中，为了防止干扰，经常通过程序进行数据滤波，其中一种方法为平均值滤波法。要求连续采集 5 次求平均，以其值作为采集数。滤波程序如图 3-45 所示。

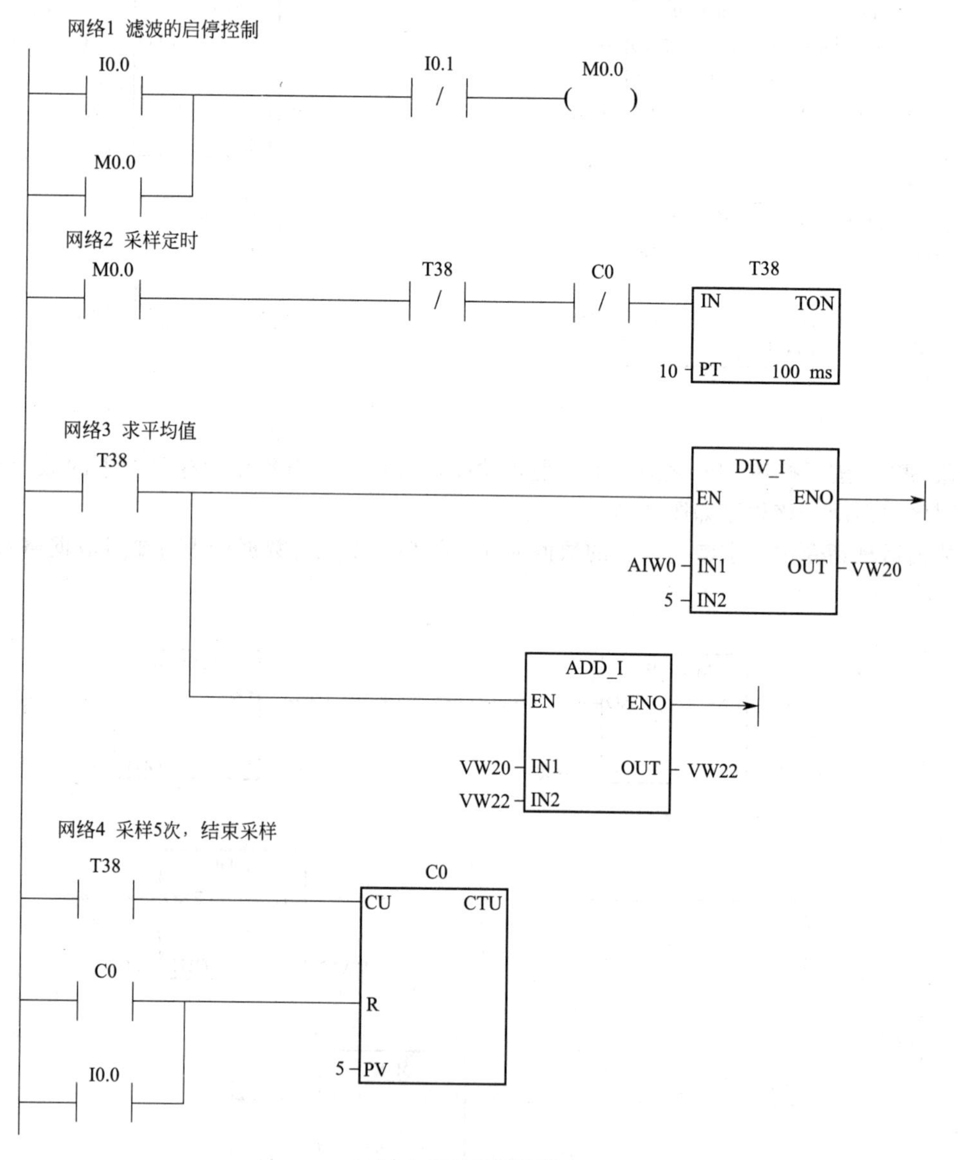

图 3-45 滤波程序

任务拓展

编程练习：利用温度变送器与 PLC 主机及模拟量模块 EM235 配合，完成对加热炉的温度测量，并且能够在 PLC 程序中实时显示温度测量值。

学习成果评价

编程测验：求半径 $R=10$m 的圆的周长，并将结果转换为整数。试编写程序并通过手工计算验证对错。

任务八
正负跳变指令和跳转指令的应用

工作任务 >>

掌握正负跳变指令和跳转指令的应用。

任务目标 >>

1. 掌握正负跳变指令和跳转指令的应用，利用指令完成对电动机的复杂控制。
2. 熟悉正负跳变指令和跳转指令应用控制线路的接线及调试。

任务实施 >>

一、设备配置

① S7-200 CPU224 或 CPU226PLC 一台。
② 安装有编程软件 STEP7-Micro/WIN32 的计算机一台。
③ 西门子 PC/PPI 通信电缆一条。
④ 三相异步电动机两台。
⑤ DC 24V 直流稳压电源、AC 220V 交流接触器、热继电器、断路器、选择开关、按钮、指示灯（DC 24V）、电工工具及导线若干。

二、操作内容

1. 正负跳变指令的应用——改进的电动机自锁控制

① 控制要求。在电动机的自锁程序中，当按下启动按钮后电动机即开始运行。如果启动按钮出现故障不能弹起，则按下停止按钮电动机能够停止转动，一旦松开停止按钮，电动机又马上开始运行了。这种情况在实际生产时是不允许存在的，如何解决这个问题？

采用图 3-46 所示的控制程序即可解决。

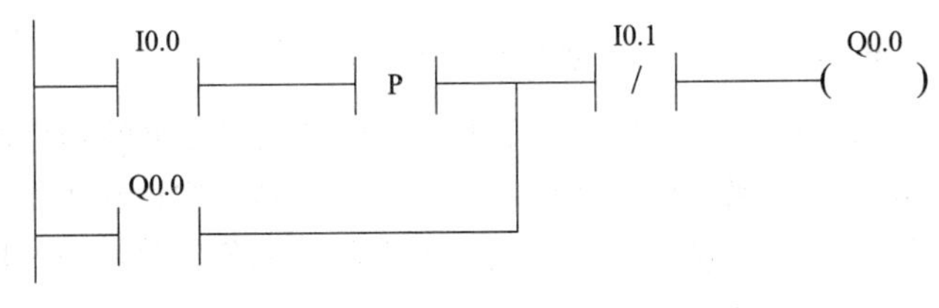

图 3-46　改进的电动机自锁控制程序

按下 I0.0 对应的启动按钮，正跳变触点检测到 I0.0 的上升沿而接通，线圈 Q0.0 得电，电动机自锁运行；按下 I0.1 对应的停止按钮，线圈断电，电动机停止转动。即使启动按钮 I0.0 对应的启动按钮由于故障没能断开，但因为没有检测到 I0.0 的上升沿，正跳变触点不能接通，所以 I0.1 对应的停止按钮闭合后电动机不能运行，只有在 I0.0 对应的按钮断开并再次按下后电动机才能再次运行。

② 正确完成 PLC 端子与按钮、交流接触器等电器之间的连接。

③ 正确完成 PLC 硬件接线并编程。操作按钮，观察电动机能否按要求运行。

2. 正负跳变指令的又一应用——两台电动机的依次启动控制

① 控制要求。采用一个按钮控制两台电动机依次启动。I0.0、I0.1 分别接按钮 SB0、SB1。按下按钮 SB0，第一台电动机甲启动运转，松开按钮 SB0，第二台电动机乙启动运转。按下 SB1，2 台电动机同时停止。Q0.0 和 Q0.1 分别控制两个交流接触器的线圈得电或断电，从而控制相应电动机的启停。用正负跳变指令完成这两台电动机的依次启动控制。

使用跳变指令可以使两台电动机的启动时间分开，从而防止电动机同时启动对电网造成不良影响。

② 正确完成 PLC 端子与按钮、交流接触器等电器之间的连接。

③ 正确完成 PLC 硬件接线并编程，程序如图 3-47 所示。操作按钮，观察电动机能否按要求运行。

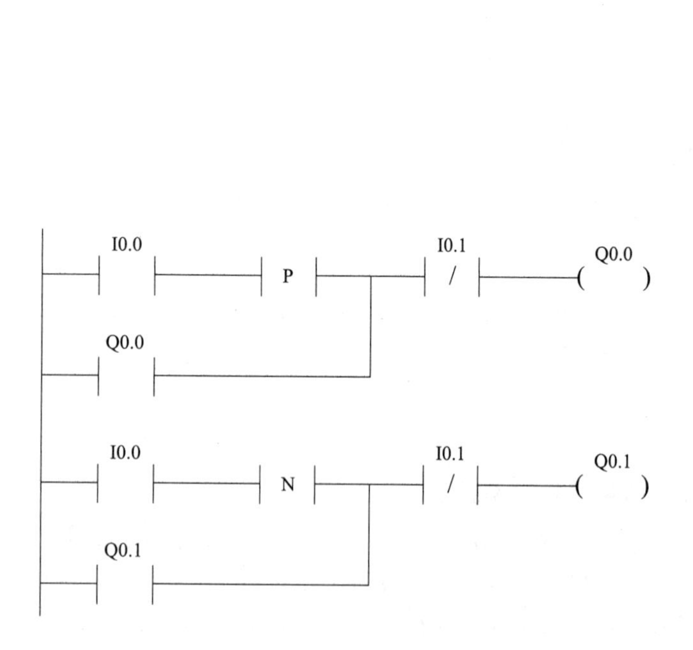

图 3-47 两台电动机的依次启动控制程序

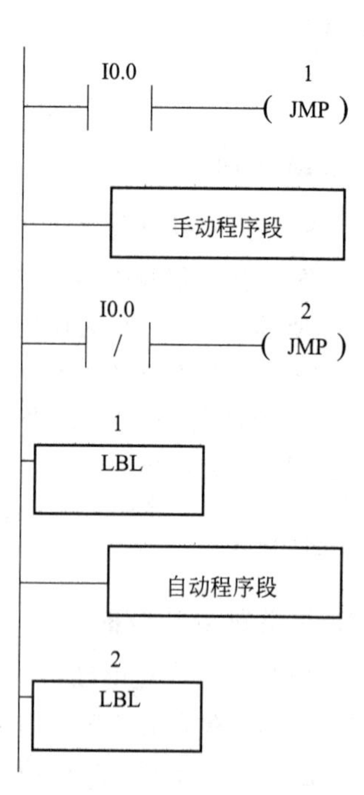

图 3-48 应用跳转指令的程序

3. 跳转指令的应用——手动/自动控制的切换

① 手动/自动控制的切换原理。跳转指令可用来选择执行指定的程序段，跳过暂时不需要执行的程序段。例如，在调试生产设备时，需要手动操作方式；在生产时，需要自动操作方式。这就要在程序中编写两段程序，一段程序用于调试工艺参数，另一段程序用于生产自动控制。

应用跳转指令的程序结构如图 3-48 所示。I0.0 是手动/自动选择开关的信号输入端。当 I0.0 未接通时，执行手动程序段，反之则执行自动程序段。I0.0 的常开/常闭触点起连锁作用，使手动/自动两个程序段只能选择其一。

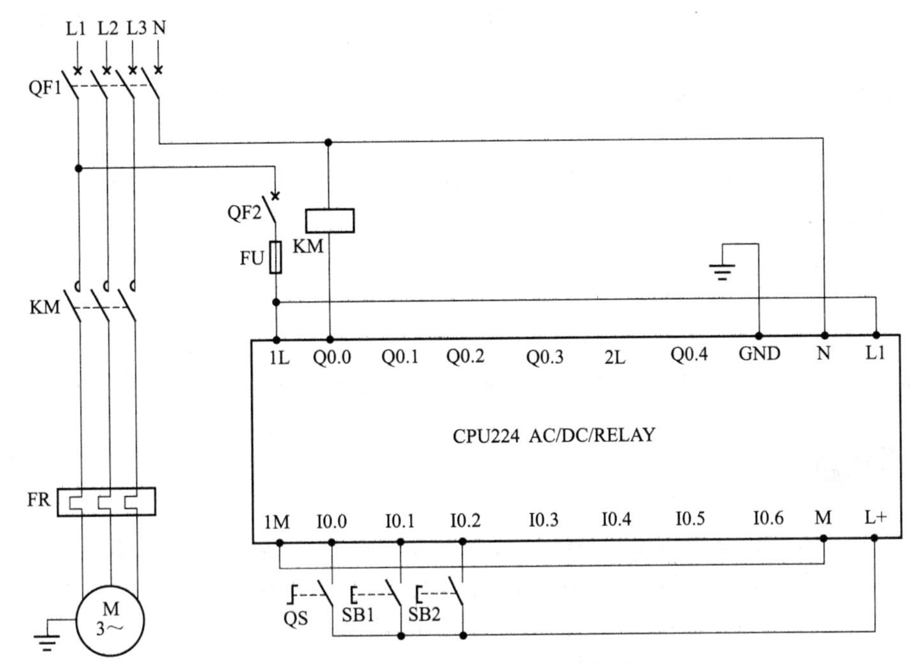

图 3-49　手动/自动控制设备硬件接线

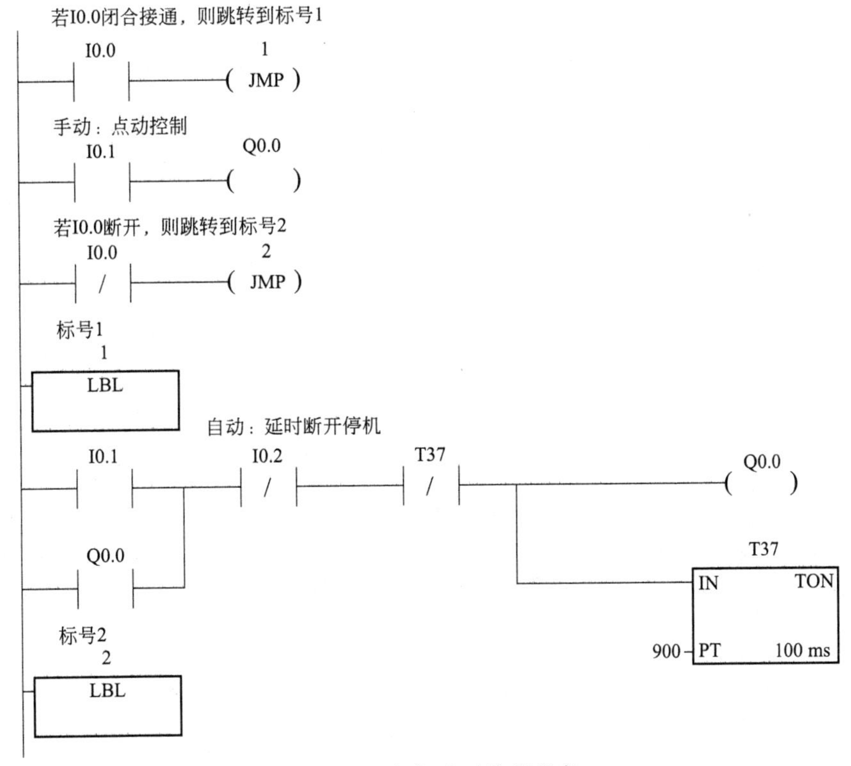

图 3-50　手动/自动控制程序

② 控制要求。某台设备具有手动/自动两种操作方式。I0.0 接组合开关 QS。当 QS 处于断开状态时，为手动操作方式；当 QS 处于接通状态时，为自动操作方式。其硬件接线如图 3-49 所示。

手动操作控制过程：按 I0.1 所接的按钮 SB1，电动机点动运转；按 I0.2 所接的停止按钮 SB2，电动机停止。

自动操作方式过程：按下按钮 SB1，电动机连续运转 60s 后自动停止；按停止按钮 SB2，电动机立即停止。

③ 正确完成 PLC 硬件接线（图 3-49）并编程，程序如图 3-50 所示。操作按钮，观察电动机能否按要求运行。

任务拓展 >>

思考如何利用跳转指令完成对加热炉的温度手动控制和自动控制的切换。

学习成果评价 >>

编程测验：有三台电动机 M1～M3，设置手动/自动两种启停方式。手动操作方式是：用每个电动机各自的启停按钮控制 M1～M3 的启停状态。自动操作方式是：只用两个按钮。按下启动按钮，M1～M3 每隔 5s 依次启动运行；按下停止按钮，M1～M3 同时停止。

根据上述要求，画出 PLC 控制电动机的硬件接线图，编写控制程序，并调试运行，完成电动机的手动/自动控制。

任务九
移位指令和顺序控制指令的应用

工作任务

掌握移位指令和顺序控制指令的应用。

任务目标

1. 掌握移位指令和顺序控制指令的应用，利用指令完成对电动机的复杂控制。
2. 熟悉移位指令和顺序控制指令应用控制线路的接线及调试。

任务实施

一、设备配置

① S7-200 CPU224 或 CPU226PLC 一台。
② 安装有编程软件 STEP7-Micro/WIN32 的计算机一台。
③ 西门子 PC/PPI 通信电缆一条。
④ DC 24V 直流稳压电源、选择开关、按钮、指示灯（DC 24V）、电工工具及导线若干。

二、操作内容

1. 移位指令的应用

（1）字节左移

I0.0 所接的按钮为 SB0，可利用左移位指令使 PLC 的 Q0.2 有输出，其对应的指示灯变亮。该程序如图 3-51 所示，输入程序并验证结果。

若按下按钮 SB0 时，想让 Q0.4 输出，应怎样修改程序？

若把程序中的 1 改为 3，结果如何？

（2）字节右移

I0.0 所接的按钮为 SB0，可利用右移位指令使 PLC 的 Q0.5 有输出，其对应的指示灯变亮。该程序如图 3-52 所示，输入程序并验证结果。

若按下按钮 SB0 时，想由 Q0.6 移位到 Q0.3，应怎样修改程序？

（3）字节循环左移

I0.0 所接的按钮为 SB0，可利用循环左移位指令使 PLC 的 Q0.7 有输出，其对应的指示灯变亮。该程序如图 3-53 所示，输入程序并验证结果。

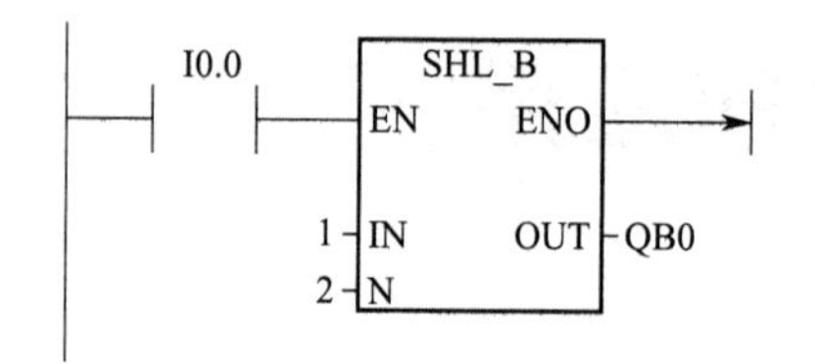

图 3-51 左移位指令程序

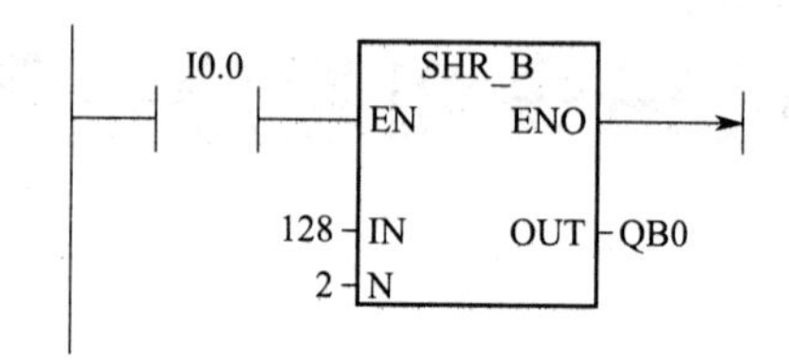

图 3-52 右移位指令程序

若把程序中的 6 改为 7，结果如何？

（4）字节循环右移

I0.0 所接的按钮为 SB0，可利用循环右移位指令使 PLC 的 Q0.0 有输出，其对应的指示灯变亮。该程序如图 3-54 所示，输入程序并验证结果。

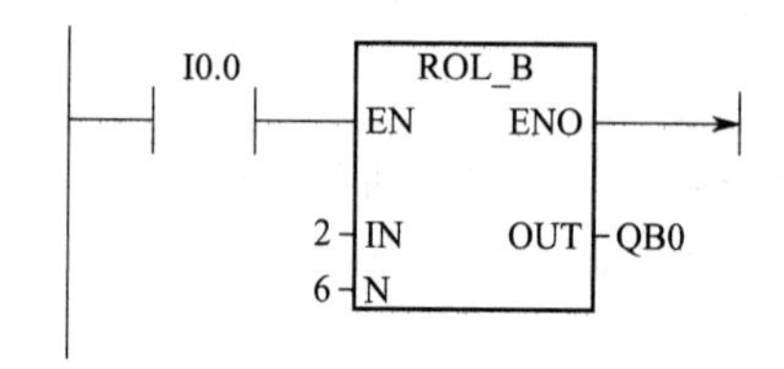

图 3-53 循环左移位指令程序

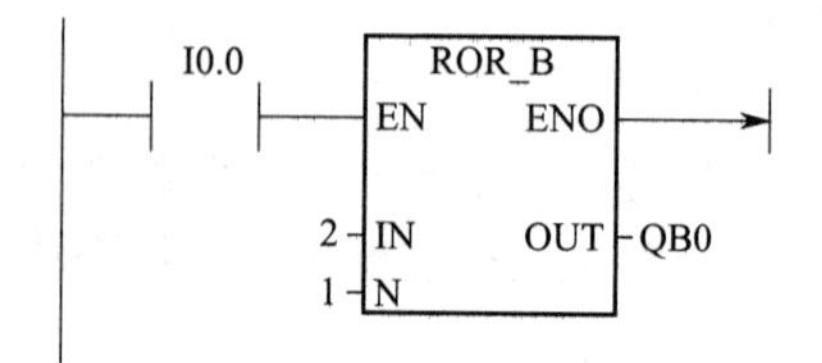

图 3-54 循环右移位指令程序

若 IN 输入端 2 不变，想使 Q0.6 有输出，应如何修改 N 输入端的数值？

（5）字节移位的实际应用——8 盏彩灯的循环点亮控制

I0.0 所接的按钮为 SB0，按下 SB0，Q0.0～Q0.7 所接的 8 盏灯以间隔 1s 的速度依次向右循环点亮。该程序如图 3-55 所示，输入程序并验证结果。

若想使灯依次向左循环点亮，应如何修改程序？

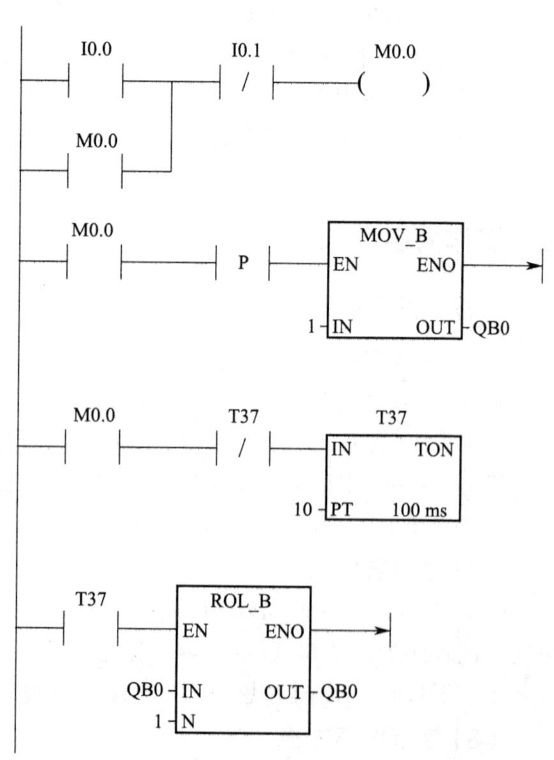

图 3-55 8 盏彩灯的循环点亮控制程序

2. 顺序控制指令的应用

（1）灯的循环点亮控制

I0.0 所接的按钮为 SB0，按下 SB0，Q0.0 所接的灯 L0 点亮，1s 后 L0 灭，Q0.1 所接的灯 L1 点亮；1s 后灯 L1 灭，Q0.2 所接的灯 L2 点亮；1s 后灯 L2 灭，灯 L0 重新点亮，不断循环。按下 I0.1 对应的按钮 SB1，所有灯熄灭。用顺序控制指令编写其程序并验证结果。

根据控制要求首先画出灯顺序显示的功能流程，如图 3-56 所示。其程序如图 3-57 所示。启动条件为按下 I0.0 对应的按钮，步进条件为时间，状态步的动作为灯 L0 亮，同时启动定时器；步进条件满足时，关断本步，进入下一步。

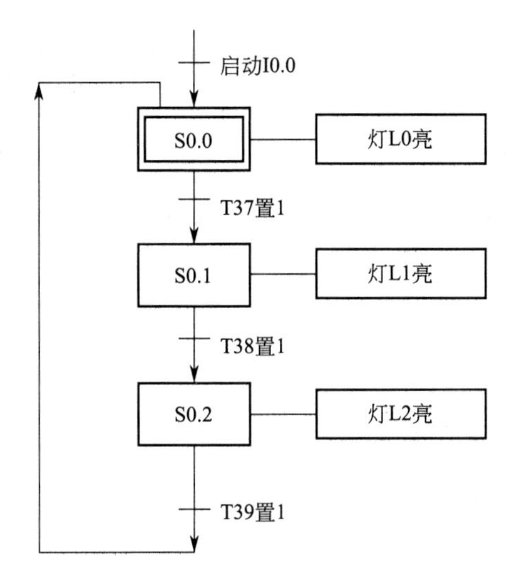

图 3-56 功能流程图

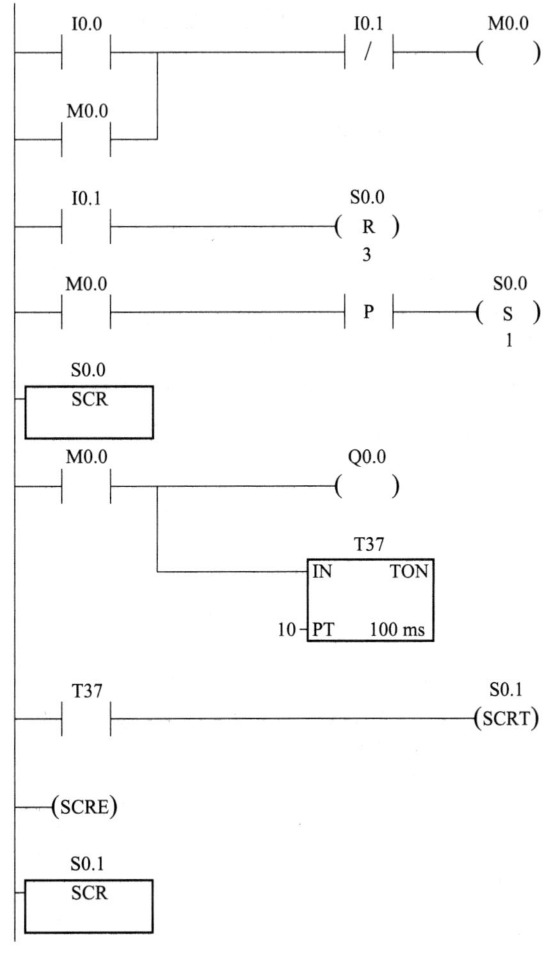

图 3-57

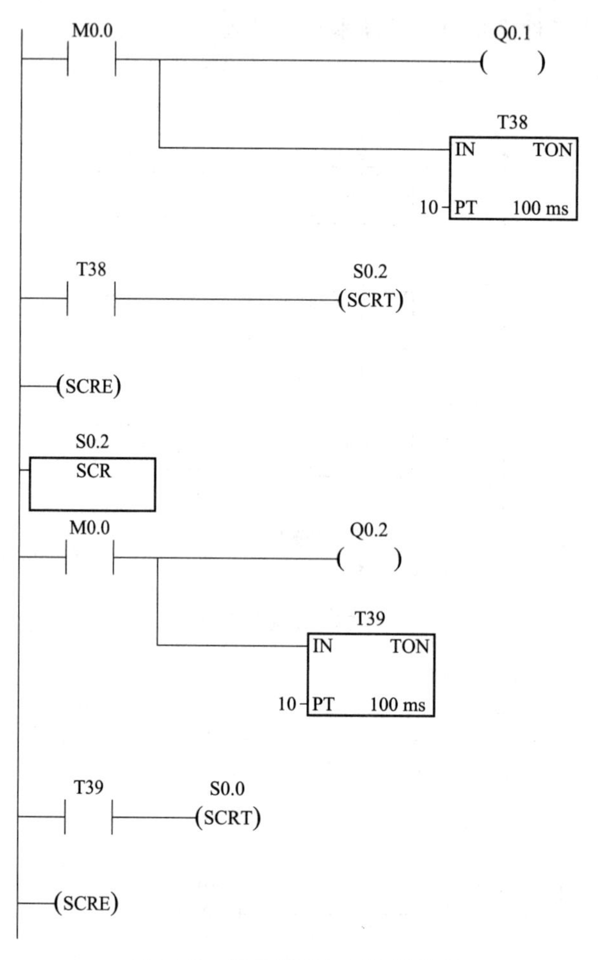

图 3-57　灯的循环点亮控制程序

（2）数码管（带译码器）数字循环显示控制

I0.0 所接的按钮为 SB0，Q0.0、Q0.1、Q0.2 和 Q0.3 分别接数码管的 A、B、C 和 D 端。按下 SB0，数码管的数字从 0 到 3 不断循环显示。按下 I0.1 所接的按钮 SB1，数码管停止显示。该程序如图 3-58 所示。

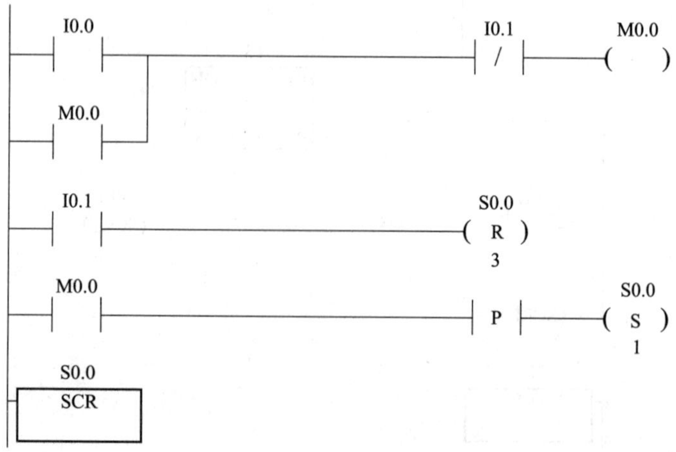

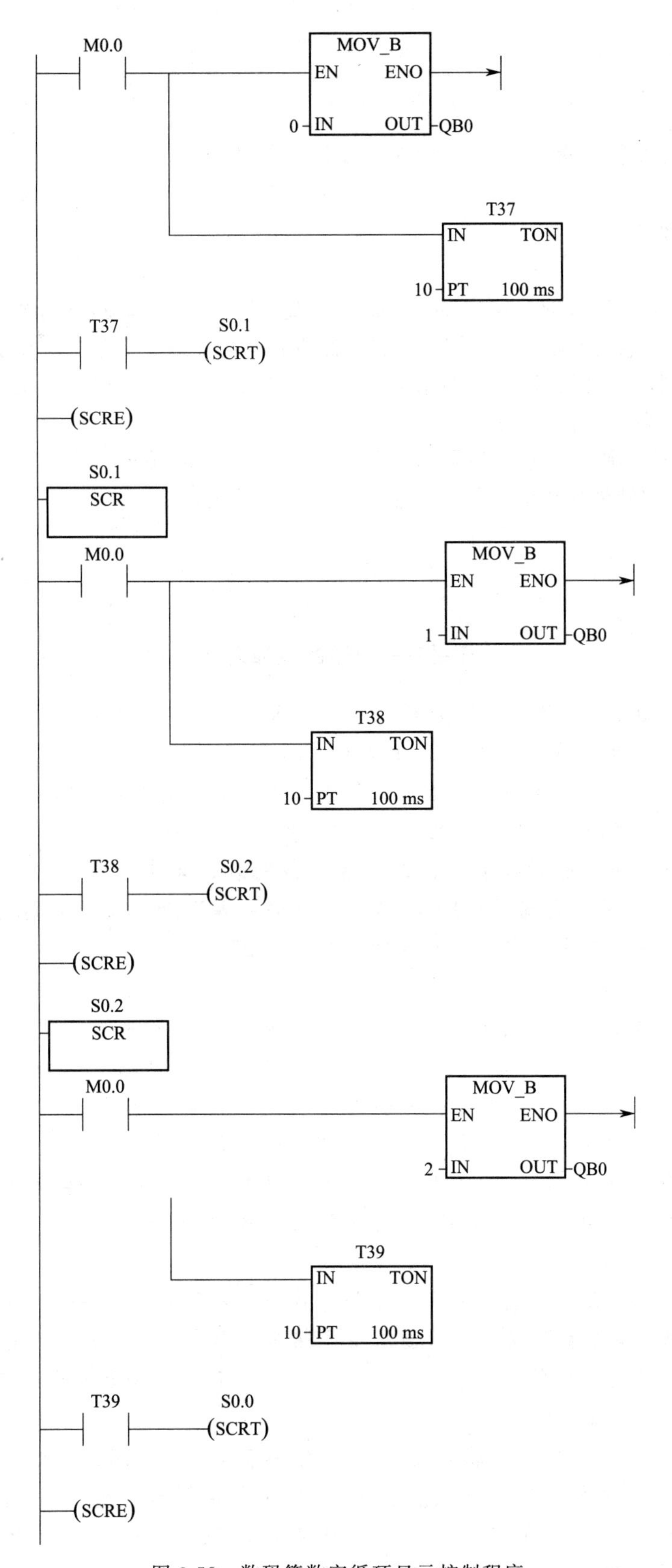

图 3-58　数码管数字循环显示控制程序

任务拓展

思考如何利用移位指令设计一个动态的彩灯变化广告。

学习成果评价

编程测验：I0.0 所接的按钮为 SB0，Q0.0、Q0.1、Q0.2 和 Q0.3 分别接数码管（带译码器）的 A、B、C 和 D 端。按下 SB0，数码管的数字从 0 到 9 不断循环显示。按下 I0.1 所接的按钮 SB1，数码管停止显示。根据上述要求，画出 PLC 控制电动机的硬件接线图，编写控制程序，并调试运行。

若数码管不带译码器，想让数码管的数字从 0 到 9 不断循环显示，应怎样解决？画出 PLC 控制电动机的硬件接线图，编写控制程序，并调试运行。

思考讨论

于敏——中国的氢弹之父

2015 年 1 月 9 日 10 时，北京人民大会堂，89 岁的“2014 年度国家最高科学技术奖”获得者于敏坐着轮椅，缓缓来到主席台中央，接过国家主席习近平颁发的荣誉证书。这是党和国家的崇高褒奖，也是一名科技工作者的最高荣耀。

这一刻，距离我国第一颗氢弹爆炸，已经过去了近半个世纪。

于敏是一个神秘人物，由于保密的原因，他的著述多未公开发表。直到 1999 年 9 月 18 日，于敏才重回公众视野，作为 23 名“两弹一星”功勋奖章获得者代表发言。在这之前，因为从事工作的保密性，他隐姓埋名长达 28 年。

1961 年初，于敏奉命参加热核武器原理研究。当时，国家正在全力研制第一颗原子弹，氢弹的理论也要尽快形成，但国内很少有人熟悉原子能理论。而在研制核武器的权威物理学家中，于敏又是唯一没有留过学的，因此他拼命学习，在中国遭受重重封锁的情况下，尽可能多地搜集国外相关信息，勤奋而艰难地进行探索。理论研究离不开繁复的计算。但国内当时仅有一台每秒万次的电子管计算机，并且 95%的时间分配给有关原子弹的计算，只有 5%的时间用于氢弹设计。于是记忆力惊人的于敏领导工作组人员，人手一把计算尺，废寝忘食地计算，开拓了一个又一个未知领域。

1964 年 10 月 16 日，我国第一颗原子弹爆炸成功。1965 年 9 月，于敏带领科技人员解决了氢弹原理方案的重要课题，继而解决了热核武器大量关键性的理论问题。1967 年 6 月 17 日早晨，载有氢弹的飞机进入罗布泊上空。当日，新华社向全世界庄严宣告：中国的第一颗氢弹爆炸成功!

在研制氢弹的过程中，于敏曾三次与死神擦肩而过。1969 年初，因奔波于北京和大西南之间，他的胃病日益加重。当时，我国正准备首次地下核试验和大型空爆热试验，操劳过度的于敏在工作现场几至休克。1971 年 10 月，上级考虑到于敏的贡献和身体状况，特许已转移到西南山区备战的妻子回京照顾。一天深夜，于敏又突然休克，幸亏妻子在身边，经医生抢救方转危为安。由于连年极度疲劳，1973 年他在返回北京的列车上开始便血，回到北京后在急诊室输液时，又一次休克在病床上。

在中国核武器发展历程中，于敏所起的作用至关重要。他说，他是个和平主义者。正因为对和平的强烈渴望，他将自己的一生奉献给了默默无闻的核武器研发。

项目四
变频器对电动机的控制

项目导读

掌握变频器对电动机的无级调速、外部端子控制、模拟量调速控制、正反转控制等多种控制方式。

学习目标

1. 能够对变频器 MM420 与电动机不同的调速控制线路熟练接线。
2. 能够根据生产要求熟练设置变频器参数，完成对电动机的控制。
3. 能够熟练查找、检测、排除变频器出现的故障。

项目实施

本项目共有七项任务，通过七项任务的完成，达到熟练使用变频器的目标。

任务一
变频器的认知

工作任务 >>

掌握变频器的结构与工作原理；掌握变频器 MM420 各种按键的功能。

任务目标 >>

1. 掌握变频器的结构与工作原理。
2. 掌握变频器 MM420 操作面板上各种按键的功能。

任务实施 >>

一、变频器的结构与原理

1. 变频器简介

变频器（variable-frequency drive，VFD）是应用变频技术与微电子技术，通过改变电动机工作电源频率的方式来控制交流电动机的电力控制设备。变频器主要由整流（交流变直流）、滤波、逆变（直流变交流）、制动单元、驱动单元、检测单元、微处理单元等组成。变频器靠内部 IGBT 的开断来调整输出电源的电压和频率，根据电动机的实际需要来提供其所需的电源电压，进而达到节能、调速的目的。另外，变频器还有很多的保护功能，如过流、过压、过载保护等。随着工业自动化程度的不断提高，变频器也得到了非常广泛的应用。

2. 变频器的工作原理

交流电动机的异步转速表达式为

$$n=60f(1-s)/p$$

式中 n——异步电动机的转速；
f——异步电动机的频率；
s——电动机的转差率；
p——电动机的极对数。

由上述转速公式可知，电动机的输出转速与输入的电源频率、转差率、电动机的极对数有关系，因而交流电动机的直接调速方式主要有：变极调速（调整 p）、转子串电阻调速或串级调速或内反馈电动机调速（调整 s）、变频调速（调整 f）等。而我们现在运用最广泛的就是变频调速，由于转速 n 与频率 f 成正比，因此只要改变频率 f 即可改变电动机的转速。变频器就是通过改变电动机的电源频率实现速度调节的，是一种理想的高效率、高性能调速手段。

3. 变频器的结构

变频器分为交-交和交-直-交两种形式。交-交变频器是将工频交流电直接变换成频率、电压均可控制的交流电，又称为直接变频器；而交-直-交变频器则是先把工频交流通过整流器变换成直流，然后再把直流通过逆变器变换成频率、电压均可控制的交流，又称为间接变频器。目前变频器的生产厂家有很多，如施耐德、三菱、富士、西门子等，其型号也各不相同，但通用功能基本相似。

通用变频器主要采用交-直-交方式（VVVF变频或矢量控制变频），其结构主要由整流（交流变直流）、滤波、逆变（直流变交流）、制动单元、驱动单元、检测单元、微处理单元等组成。

变频器中的整流器可由二极管或晶闸管单独构成，也可由两者共同构成。由二极管构成的是不可控整流器，由晶闸管构成的是可控整流器。二极管和晶闸管都用的整流器是半控整流器。逆变器是变频器的最后一个环节，其后与电动机相连，它最终产生适当的输出电压。

控制电路是给异步电动机供电（电压、频率可调）的主电路提供控制信号的回路，它由如下部分组成：频率、电压的“运算电路”，主电路的“电压、电流检测电路”，电动机的“速度检测电路”，将运算电路的控制信号进行放大的“驱动电路”以及逆变器和电动机的“保护电路”。

① 运算电路：将外部的速度、转矩等指令同检测电路的电流、电压信号进行比较运算，决定逆变器的输出电压、频率。

② 电压、电流检测电路：与主回路电位隔离检测电压、电流等。

③ 速度检测电路：以装在异步电动机转轴上的速度检测器（TG、PLG等）的信号为速度信号，送入运算回路，根据指令和运算可使电动机按指令速度运转。

④ 驱动电路：驱动主电路器件的电路，它与控制电路隔离使主电路器件导通、关断。

⑤ 保护电路：检测主电路的电压、电流等，当发生过载或过电压等异常时，防止逆变器和异步电动机损坏。

4. 变频器的分类

变频器的分类方法有多种：按照主电路工作方式分类，可以分为电压型变频器和电流型变频器；按照工作原理分类，可以分为 V/f 控制变频器、转差频率控制变频器和矢量控制变频器等；在变频器修理中，按照用途分类，可以分为通用变频器、高性能专用变频器、高频变频器、单相变频器和三相变频器等。

5. 变频器的信号给定方式

变频器常见的频率给定方式主要有操作器键盘给定、接点信号给定、模拟信号给定、脉冲信号给定和通信方式给定等。这些频率给定方式各有优缺点，须按照实际所需进行选择设置。

二、变频器MM420

变频器MM420是西门子公司生产的一款变频器，适合用于各种变速驱动装置，可作为传送带系统、物料运输系统、水泵、风机、机械加工设备的传动装置。

1. 变频器MM420的特点

（1）主要特征

具有单相和三相两种类型。单相输入电压为交流（200～240V）±10%，三相输入电压为交流（380～480V）±10%。

数字量输入 3 个，模拟量输入 1 个，模拟量输出 1 个，继电器输出 1 个；集成 RS-485 通信接口；具有 7 个固定频率，4 个跳转频率。

（2）保护功能

过载能力为 150%额定负载电流，持续时间 60s；过电压、欠电压保护；变频器过温保护；接地故障保护，短路保护；电动机过热保护；采用 PTC 通过数字端接入的电动机过热保护；闭锁电动机保护，防止失速保护。

图 4-1　基本操作面板

2. 基本操作面板的认知与操作

基本操作面板（BOP）如图 4-1 所示。

（1）基本操作面板（BOP）功能说明

基本操作面板的功能见表 4-1。

表 4-1　操作面板功能

显示/按钮	功能	功能说明
r0000	状态显示	LCD 显示变频器当前的设定值
I	启动变频器	按此键启动变频器。默认值运行时此键是被封锁的，为了使此键的操作有效，应设定 P0700＝1
0	停止变频器	OFF1：按此键，变频器将按选定的斜坡下降速率减速停车。默认值运行时此键被封锁，为了允许此键操作，应设定 P0700＝1 OFF2：按此键两次（或一次，但时间较长），电动机将在惯性作用下自由停车。此功能总是"使能"的
	改变电动机的转动方向	按此键可以改变电动机的转动方向。电动机的反向用负号（—）或闪烁的小数点表示。默认值运行时此键是被封锁的，为了使此键的操作有效，应设定 P0700＝1
jog	电动机点动	在变频器无输出的情况下按此键，将使电动机启动，并按预设定的点动频率运行。释放此键时，变频器停车。如果电动机正在运行，按此键将不起作用
Fn	功能	此键用于浏览辅助信息。变频器运行时，在显示任何一个参数时按下此键并保持不动 2s，均将显示以下参数值： 1. 直流回路电压（用 d 表示，单位为 V）； 2. 输出电流（A）； 3. 输出频率（Hz）； 4. 输出电压（用 0 表示，单位为 V）； 5. 由 P0005 选定的数值 连续多次按下此键，将轮流显示以上参数 跳转功能： 在显示任何一个参数（r××××或 P××××）时短时间按下此键，均将立即跳转到 r0000。跳转到 r0000 后，按此键将返回原来的显示点。 在出现故障或报警的情况下，按下此键可以对故障或报警进行确认

续表

显示/按钮	功能	功能说明
P	访问参数	按此键即可访问参数
▲	增加数值	按此键即可增加面板上显示的参数数值
▼	减少数值	按此键即可减少面板上显示的参数数值

（2）用基本操作面板更改参数的数值

例如改变参数 P0004，见表 4-2。

表 4-2　参数修改

操作步骤		显示的结果
1	按 P 访问参数	r0000
2	按 ▲ 直到显示出 P0004	P0004
3	按 P 进入参数数值访问级	0
4	按 ▲ 或 ▼ 达到所需要的数值	3
5	按 P 确认并存储参数的数值	P0004
6	按 ▼ 直到显示出 r0000	r0000
7	按 P 返回标准的变频器显示(有用户定义)	

任务拓展

制药设备上常用到其他品牌的变频器，如台达、三菱等的变频器，试比较它们的相同点和差别。

学习成果评价

尝试让学生设置变频器的参数，把 P0003 的参数值设置为 2，P0010 的参数值设置为 1。根据学生操作的熟练程度和准确度给予学习成果评价。

任务二
变频器对电动机的无级调速控制

工作任务

完成变频器 MM420 对电动机无级调速线路的装配与调试。

任务目标

1. 能够对变频器 MM420 与电动机的无级调速线路熟练接线。
2. 能够根据生产要求熟练设置变频器的参数，完成对电动机的控制。
3. 能够熟练查找、检测、排除变频器出现的故障。

任务实施

一、设备、工具及材料

1. 设备

三相异步电动机一台、变频器 MM420 一台。

2. 工具

尖嘴钳、钢丝钳、剥线钳、电工刀、活扳手、手电钻、压接钳、手锯等。

3. 材料

断路器、端子排、冷压接线头；5mm 厚的层压板；$0.5mm^2$、$1.5mm^2$、$2.5mm^2$ 的铜线各若干米。

二、控制要求

① 设置变频器输出的额定频率、额定电压、额定电流、额定功率、额定转速。

② 通过操作面板（BOP）控制电动机启动/停止、正转/反转、点动控制。

③ 运用操作面板改变电动机的运行频率和加减速时间。

三、变频器外部接线图

按照图 4-2 进行接线。

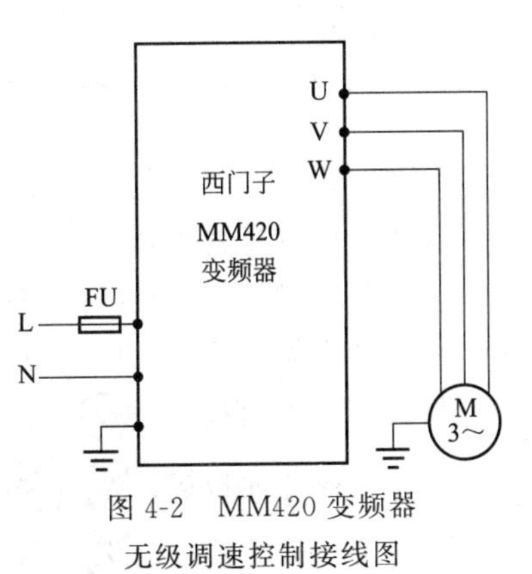

图 4-2　MM420 变频器无级调速控制接线图

四、参数设置步骤

① 设置参数前先将变频器的参数复位为工厂的默认设定值，即设定 P0010＝30、P0970＝1。

打开变频器的电源开关，变频器显示屏上显示“0.00”字样。按键，再按键，显示屏上出现 r0000；此时按键将使显示屏上的参数增加到 P0010，按键出现 P0010 内部参数值，再按加到参数 30，最后按键确认。按同样方法可设定 P0970＝1。

② 设定 P0003＝2，允许访问扩展参数。

③ 设定电动机的参数时先设定 P0010＝1（快速调试）。

④ 按照表 4-3 设置参数。

表 4-3　参数功能表（1）

序号	变频器参数	出厂值	设定值	功能说明
1	P0304	230	380	电动机的额定电压(380V)
2	P0305	3.25	0.35	电动机的额定电流(0.35A)
3	P0307	0.75	0.06	电动机的额定功率(60W)
4	P0310	50.00	50.00	电动机的额定频率(50Hz)
5	P0311	0	1430	电动机的额定转速(1430r/min)
6	P1000	2	1	用操作面板(BOP)控制频率的升降
7	P1080	0	0	电动机的最小频率(0Hz)
8	P1082	50	50.00	电动机的最大频率(50Hz)
9	P1120	10	10	斜坡上升时间(10s)
10	P1121	10	10	斜坡下降时间(10s)
11	P0700	2	1	BOP(键盘)设置

为了快速修改参数的数值，可以一个个地单独修改显示出的每个数字，操作步骤如下：

① 按功能键，最右边的一个数字闪烁。

② 按/，修改这位数字的数值。

③ 再按功能键，相邻的下一个数字闪烁。

④ 执行②、③，直到显示出所要求的数值。

⑤ 按键退出参数数值的访问级。

⑥ 最后设定 P0010＝0，准备启动变频器。

五、调试

① 检查实训设备中器材是否齐全。

② 按照变频器外部接线图完成变频器的接线，认真检查，确保正确无误。

③ 打开电源开关，按照参数功能表正确设置变频器的参数。

④ 按下操作面板按钮，启动变频器。

⑤ 按下操作面板按钮/，增加、减小变频器的输出频率。

⑥ 按下操作面板按钮，改变电动机的运转方向。

⑦ 按下操作面板按钮 [O]，停止变频器。

任务拓展

找一台三菱或台达的变频器，阅读其说明书，设置调试其参数，完成变频器的无级调速。

学习成果评价

现场测验：完成变频器 MM420 对电动机无级调速的接线和调试。

任务三
变频器外部端子点动控制

工作任务

了解变频器外部控制端子的功能，掌握外部运行模式下变频器的操作方法。

任务目标

1. 能够对变频器外部控制端子点动控制的线路熟练接线。
2. 能够根据生产要求熟练设置变频器的参数，完成对电动机的控制。
3. 能够熟练查找、检测、排除变频器出现的故障。

任务实施

一、设备、工具及材料

1. 设备

三相异步电动机一台、变频器 MM420 一台。

2. 工具

尖嘴钳、钢丝钳、剥线钳、电工刀、活扳手、手电钻、压接钳、手锯等。

3. 材料

断路器、按钮、端子排、冷压接线头；5mm 厚的层压板；0.5mm^2、1.5mm^2、2.5mm^2 的铜线各若干米。

二、控制要求

① 设置变频器输出的额定频率、额定电压、额定电流、额定功率、额定转速。

② 通过外部控制端子点动控制电动机。

③ 运用操作面板改变电动机的运行频率和加减速时间。

三、变频器外部接线图

按照图 4-3 进行接线。

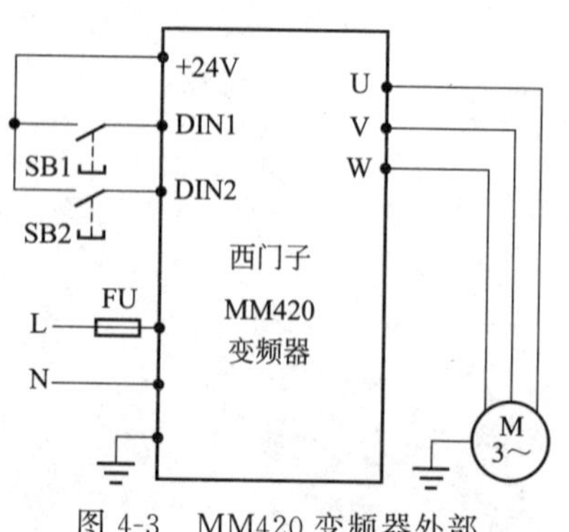

图 4-3　MM420 变频器外部端子点动控制接线图

四、参数设置步骤

① 设置参数前先将变频器的参数复位为工厂的默认设定值，即设定 P0010=30、P0970=1。

② 设定 P0003=2，允许访问扩展参数。

③ 设定电动机的参数时先设定 P0010=1（快速调试）。

④ 按照表 4-4 设置参数。

表 4-4 参数功能表（2）

序号	变频器参数	出厂值	设定值	功能说明
1	P0304	230	380	电动机的额定电压(380V)
2	P0305	3.25	0.35	电动机的额定电流(0.35A)
3	P0307	0.75	0.06	电动机的额定功率(60W)
4	P0310	50.00	50.00	电动机的额定频率(50Hz)
5	P0311	0	1430	电动机的额定转速(1430r/min)
6	P1000	2	1	用操作面板(BOP)控制频率的升降
7	P1080	0	0	电动机的最小频率(0Hz)
8	P1082	50	50.00	电动机的最大频率(50Hz)
9	P1120	10	10	斜坡上升时间(10s)
10	P1121	10	10	斜坡下降时间(10s)
11	P0700	2	2	选择命令源(由端子排输入)
12	P0701	1	10	正向点动
13	P0702	12	11	反向点动
14	P1058	5.00	30	正向点动频率(30Hz)
15	P1059	5.00	20	反向点动频率(20Hz)
16	P1060	10.00	10	点动斜坡上升时间(10s)
17	P1061	10.00	5	点动斜坡下降时间(5s)

⑤ 最后设定 P0010=0，准备启动变频器。

五、调试

① 检查实训设备中器材是否齐全。

② 按照变频器外部接线图完成变频器的接线，认真检查，确保正确无误。

③ 打开电源开关，按照参数功能表正确设置变频器的参数。

④ 按下按钮 SB1，观察并记录电动机的运转情况。

⑤ 按下操作面板按钮▲，增加变频器的输出频率。

⑥ 松开按钮 SB1 待电动机停止运行后，按下按钮 SB2，观察并记录电动机的运转情况。

⑦ 松开按钮 SB2，观察并记录电动机的运转情况。

⑧ 改变 P1058、P1059 的值，重复④～⑦，观察电动机的运转状态有什么变化。

⑨ 改变 P1060、P1061 的值，重复④～⑦，观察电动机的运转状态有什么变化。

任务拓展

找一台三菱或台达的变频器，阅读其说明书，设置调试其参数，完成变频器的外部端子点动控制。

学习成果评价

现场测验：完成变频器 MM420 对电动机外部端子点动控制的接线和调试。

任务四
变频器控制电动机正反转

工作任务

了解变频器外部控制端子的功能，掌握变频器控制电动机正反转的操作方法。

任务目标

1. 能够对变频器控制电动机正反转的线路熟练接线。
2. 能够根据生产要求熟练设置变频器的参数，完成对电动机的控制。
3. 能够熟练查找、检测、排除变频器出现的故障。

任务实施

一、设备、工具及材料

1. 设备

三相异步电动机一台、变频器 MM420 一台。

2. 工具

尖嘴钳、钢丝钳、剥线钳、电工刀、活扳手、手电钻、压接钳、手锯等。

3. 需要材料

断路器、按钮、端子排、冷压接线头；5mm 厚的层压板；0.5mm^2、1.5mm^2、2.5mm^2 的铜线各若干米。

二、控制要求

① 正确设置变频器输出的额定频率、额定电压、额定电流、额定功率、额定转速。

② 通过外部端子控制电动机启动/停止、正转/反转。打开 SB1、SB3 电动机正转，打开 SB2 电动机反转，关闭 SB2 电动机正转；在正转/反转的同时，关闭 SB3，电动机停止。

③ 运用操作面板改变电动机的运行频率和加减速时间。

三、变频器外部接线图

按照图 4-4 进行接线。

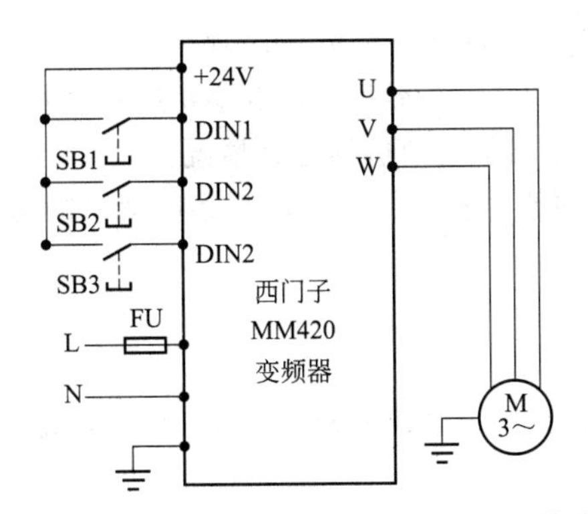

图 4-4 MM420 变频器控制电动机正反转接线图

四、参数设置步骤

① 设置参数前先将变频器的参数复位为工厂的默认设定值，即设定 P0010＝30、P0970＝1。

② 设定 P0003＝2，允许访问扩展参数。

③ 设定电动机的参数时先设定 P0010＝1（快速调试）。

④ 按照表 4-5 设置参数。

表 4-5 参数功能表（3）

序号	变频器参数	出厂值	设定值	功能说明
1	P0304	230	380	电动机的额定电压(380V)
2	P0305	3.25	0.35	电动机的额定电流(0.35A)
3	P0307	0.75	0.06	电动机的额定功率(60W)
4	P0310	50.00	50.00	电动机的额定频率(50Hz)
5	P0311	0	1430	电动机的额定转速(1430r/min)
6	P0700	2	2	选择命令源(由端子排输入)
7	P1000	2	1	用操作面板(BOP)控制频率的升降
8	P1080	0	0	电动机的最小频率(0Hz)
9	P1082	50	50.00	电动机的最大频率(50Hz)
10	P1120	10	10	斜坡上升时间(10s)
11	P1121	10	10	斜坡下降时间(10s)
12	P0701	1	1	ON/OFF(接通正转/停车命令 1)
13	P0702	12	12	反转
14	P0703	9	4	OFF3(停车命令 3)按斜坡函数曲线快速降速停车

⑤ 最后设定 P0010＝0，准备启动变频器。

五、调试

① 检查实训设备中器材是否齐全。

② 按照变频器外部接线图完成变频器的接线，认真检查，确保正确无误。

③ 打开电源开关，按照参数功能表正确设置变频器的参数。

④ 打开开关 SB1、SB3，观察并记录电动机的运转情况。

⑤ 按下操作面板按钮▲，增加变频器的输出频率。

⑥ 打开开关 SB1、SB2、SB3，观察并记录电动机的运转情况。

⑦ 关闭开关 SB3，观察并记录电动机的运转情况。

⑧ 改变 P1120、P1121 的值，重复④～⑦，观察电动机的运转状态有什么变化。

任务拓展

找一台三菱或台达的变频器，阅读其说明书，设置调试其参数，完成变频器对电动机的正反转控制。

学习成果评价

现场测验：完成变频器 MM420 对电动机正反转控制的接线和调试。

任务五
外部模拟量（电压/电流）方式的变频器调速控制

工作任务

了解变频器外部控制端子和模拟信号输入端子的功能，掌握外部模拟量（电压/电流）方式的变频器调速控制方法。

任务目标

1. 能够对外部模拟量（电压/电流）方式的变频器调速控制线路熟练接线。
2. 能够根据生产要求熟练设置变频器的参数，完成对电动机的控制。
3. 能够熟练查找、检测、排除变频器出现的故障。

任务实施

一、设备、工具及材料

1. 设备

三相异步电动机一台、变频器 MM420 一台。

2. 工具

尖嘴钳、钢丝钳、剥线钳、电工刀、活扳手、手电钻、压接钳、手锯等。

3. 材料

断路器、按钮、端子排、冷压接线头；电位器一个；5mm 厚的层压板；0.5mm^2、1.5mm^2、2.5mm^2 的铜线各若干米。

二、控制要求

① 正确设置变频器输出的额定频率、额定电压、额定电流、额定功率、额定转速。

② 通过外部端子控制电动机启动/停止。

③ 通过调节电位器改变输入电压来控制变频器的输出电压频率，从而改变电动机的转速。

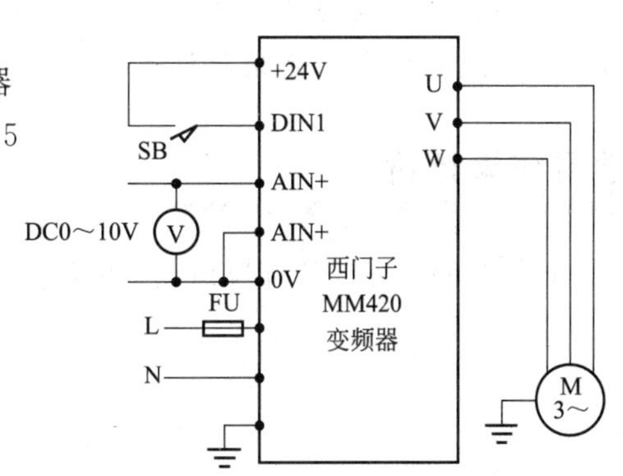

图 4-5　外部模拟量方式的变频器调速控制接线

三、变频器外部接线图

按照图 4-5 进行接线。

四、参数设置步骤

① 设置参数前先将变频器的参数复位为工厂的默认设定值，即设定 P0010=30、P0970=1。

② 设定 P0003=2，允许访问扩展参数。

③ 设定电动机的参数时先设定 P0010=1（快速调试）。

④ 按照表 4-6 设置参数。

表 4-6 参数功能表（4）

序号	变频器参数	出厂值	设定值	功能说明
1	P0304	230	380	电动机的额定电压(380V)
2	P0305	3.25	0.35	电动机的额定电流(0.35A)
3	P0307	0.75	0.06	电动机的额定功率(60W)
4	P0310	50.00	50.00	电动机的额定频率(50Hz)
5	P0311	0	1430	电动机的额定转速(1430r/min)
6	P1000	2	2	模拟输入
7	P0700	2	2	选择命令源(由端子排输入)
8	P0701	1	1	ON/OFF(接通正转/停车命令 1)

⑤ 最后设定 P0010=0，准备启动变频器。

五、调试

① 检查实训设备中器材是否齐全。

② 按照变频器外部接线图完成变频器的接线，认真检查，确保正确无误。

③ 打开电源开关，按照参数功能表正确设置变频器的参数。

④ 打开开关 SB，启动变频器。

⑤ 调节输入电压，观察并记录电动机的运转情况。

⑥ 关闭开关 SB，停止变频器。

任务拓展

找一台三菱或台达的变频器，阅读其说明书，设置调试其参数，完成外部模拟量（电压/电流）方式的变频器调速控制。

学习成果评价

现场测验：完成外部模拟量（电压/电流）方式的变频器调速控制的接线和调试。

任务六
基于 PLC 的变频器外部端子的电动机正反转控制

工作任务

了解变频器外部控制端子的功能，掌握基于 PLC 的变频器外部端子的电动机正反转控制方法。

任务目标

1. 能够对基于 PLC 的变频器外部端子的电动机正反转控制线路熟练接线；
2. 能够根据生产要求熟练设置变频器的参数，完成对电动机的控制；
3. 能够熟练查找、检测、排除 PLC 与变频器出现的故障。

任务实施

一、设备、工具及材料

1. 设备

三相异步电动机一台、变频器 MM420 一台。

2. 工具

尖嘴钳、钢丝钳、剥线钳、电工刀、活扳手、手电钻、压接钳、手锯等。

3. 材料

断路器、按钮、端子排、冷压接线头；电位器一个；5mm 厚的层压板；0.5mm^2、1.5mm^2、2.5mm^2 的铜线各若干米。

二、控制要求

① 正确设置变频器输出的额定频率、额定电压、额定电流、额定功率、额定转速。

② 通过外部端子控制电动机启动/停止、正转/反转。按下按钮 SB1，电动机正转启动；按下按钮 SB3，电动机停止；待电动机停止运转后按下按钮 SB2，电动机反转。

③ 运用操作面板改变电动机的运行频率和加减速时间。

三、变频器外部接线图

按照图 4-6 进行接线。

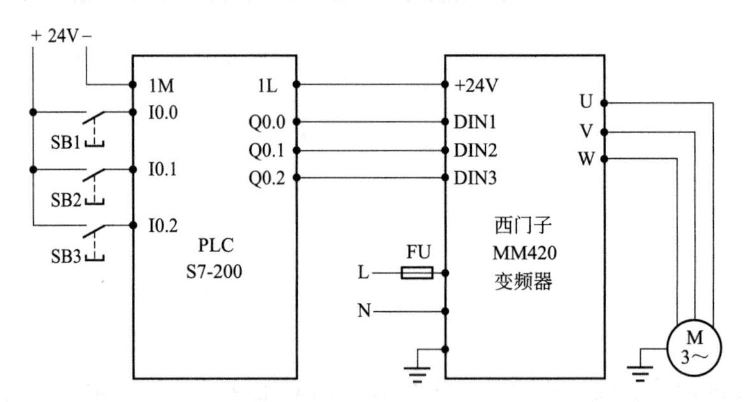

图 4-6　基于 PLC 的变频器外部端子的电动机正反转控制接线图

四、参数设置步骤

① 设置参数前先将变频器的参数复位为工厂的默认设定值，即设定 P0010＝30、P0970＝1。

② 设定 P0003＝2，允许访问扩展参数。

③ 设定电动机的参数时先设定 P0010＝1（快速调试）。

④ 按照表 4-7 设置参数。

表 4-7　参数功能表（5）

序号	变频器参数	出厂值	设定值	功能说明
1	P0304	230	380	电动机的额定电压(380V)
2	P0305	3.25	0.35	电动机的额定电流(0.35A)
3	P0307	0.75	0.06	电动机的额定功率(60W)
4	P0310	50.00	50.00	电动机的额定频率(50Hz)
5	P0311	0	1430	电动机的额定转速(1430r/min)
6	P0700	2	2	选择命令源(由端子排输入)
7	P1000	2	1	用操作面板(BOP)控制频率的升降
8	P1080	0	0	电动机的最小频率(0Hz)
9	P1082	50	50.00	电动机的最大频率(50Hz)
10	P1120	10	10	斜坡上升时间(10s)
11	P1121	10	10	斜坡下降时间(10s)
12	P0701	1	1	ON/OFF(接通正转/停车命令 1)
13	P0702	12	12	反转
14	P0703	9	4	OFF3(停车命令 3)按斜坡函数曲线快速降速停车

⑤ 最后设定 P0010＝0，准备启动变频器。

五、调试

① 检查实训设备中器材是否齐全。

② 按照变频器外部接线图完成变频器的接线，认真检查，确保正确无误。

③ 打开电源开关，按照参数功能表正确设置变频器的参数。

④ 打开示例程序或用户自己编写的控制程序，进行编译；有错误时根据提示信息修改，直至无误。用PC/PPI通信编程电缆连接计算机串口与PLC通信口，打开PLC主机电源开关，下载程序至PLC中。下载完毕后将PLC的RUN/STOP开关拨至RUN状态。

⑤ 按下按钮SB1，观察并记录电动机的运转情况。

⑥ 按下操作面板按钮▲，增加变频器的输出频率。

⑦ 按下按钮SB3，等电动机停止运转后，按下按钮SB2，电动机反转。

任务拓展

找一台三菱或台达的变频器，阅读其说明书，设置调试其参数，完成基于PLC的变频器外部端子的电动机正反转控制。

学习成果评价

现场测验：完成基于PLC的变频器外部端子的电动机正反转控制的接线和调试。

任务七 基于 PLC 的变频器外部端子的电动机延时控制

工作任务

了解变频器外部控制端子的功能，掌握基于 PLC 的变频器外部端子的电动机延时控制方法。

任务目标

1. 能够对基于 PLC 的变频器外部端子的电动机延时控制线路熟练接线。
2. 能够根据生产要求熟练设置变频器的参数，完成对电动机的控制。
3. 能够根据生产要求，编写出比较复杂的 PLC 对变频器运转的时间控制程序。

任务实施

一、设备、工具及材料

1. 设备

三相异步电动机一台、变频器 MM420 一台、S7-200CPU224 或 CPU226PLC 一台；安装有编程软件 STEP7-Micro/WIN32 的计算机一台；西门子 PC/PPI 通信电缆一条。

2. 工具

尖嘴钳、剥线钳、电工刀、活扳手、手电钻、压接钳、手锯等。

3. 材料

断路器、选择开关、按钮、端子排、电位器、指示灯（DC 24V）；DC 24V 直流稳压电源；5mm 厚的层压板，冷压接线头，0.5mm^2、1.5mm^2、2.5mm^2 的铜线各若干米。

二、控制要求

① 正确设置变频器输出的额定频率、额定电压、额定电流、额定功率、额定转速。

② 通过 PLC 所接的按钮控制电动机启动/停止并进行定时控制。要求：按下按钮 SB1，电动机马上启动；在按钮按下 10s 后自动停止运转，5s 后电动机又自动启动并运转。按下按钮 SB2，电动机停止转动。

③ 通过调节电位器改变输入电压来控制变频器的输出电压频率，从而改变电动机的转速。

三、变频器外部接线图及程序

① 按照图 4-7 进行接线。

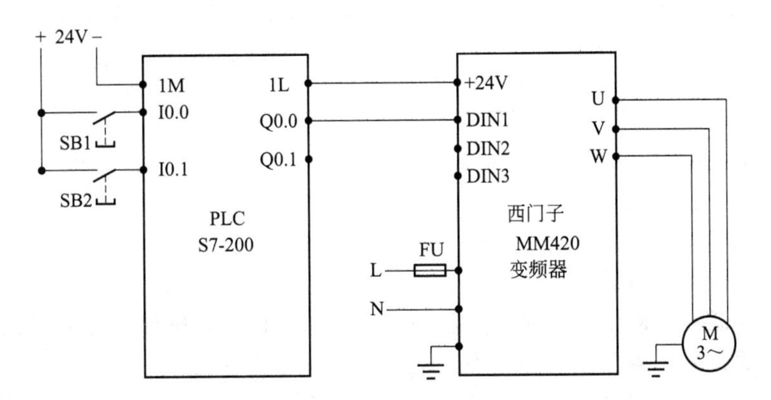

图 4-7　基于 PLC 的变频器外部端子的电动机延时控制接线图

② PLC 程序如图 4-8 所示。

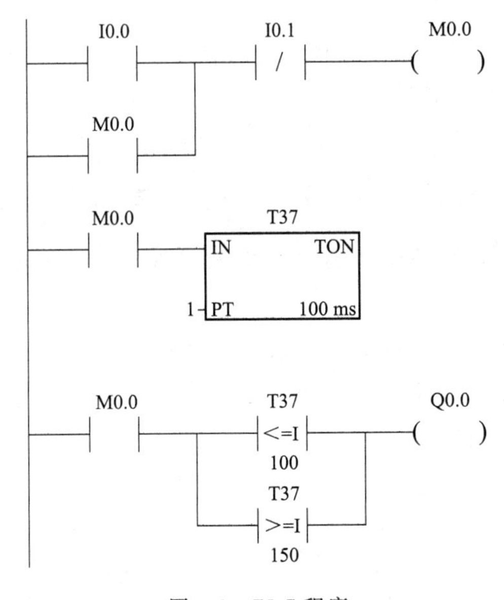

图 4-8　PLC 程序

四、参数设置步骤

① 设置参数前先将变频器的参数复位为工厂的默认设定值，即设定 P0010＝30、P0970＝1。

② 设定 P0003＝2，允许访问扩展参数。

③ 设定电动机的参数时先设定 P0010＝1（快速调试）。

④ 按照表 4-8 设置参数。

表 4-8　参数功能表（6）

序号	变频器参数	出厂值	设定值	功能说明
1	P0304	230	380	电动机的额定电压(380V)
2	P0305	3.25	0.35	电动机的额定电流(0.35A)
3	P0307	0.75	0.06	电动机的额定功率(60W)
4	P0310	50.00	50.00	电动机的额定频率(50Hz)
5	P0311	0	1430	电动机的额定转速(1430r/min)
6	P1000	2	2	模拟输入
7	P0700	2	2	选择命令源(由端子排输入)
8	P0701	1	1	ON/OFF(接通正转/停车命令 1)

⑤ 最后设定 P0010＝0，准备启动变频器。

五、调试

① 检查实训设备中器材是否齐全。

② 按照变频器外部接线图完成变频器的接线，认真检查，确保正确无误。

③ 打开电源开关，按照参数功能表正确设置变频器的参数。

④ 打开示例程序或用户自己编写的控制程序，进行编译；有错误时根据提示信息修改，直至无误。用 PC/PPI 通信编程电缆连接计算机串口与 PLC 通信口，打开 PLC 主机电源开关，下载程序至 PLC 中。下载完毕后将 PLC 的 RUN/STOP 开关拨至 RUN 状态。

⑤ 打开开关 SB1，启动变频器。

⑥ 调节输入电压，观察并记录电动机的运转情况。

⑦ 关闭开关 SB2，停止变频器。

任务拓展

完成如下任务的硬件接线并尝试编程：变频器 MM420 根据所测设备温度的变化改变转速。

温度变送器接入热电阻后与模拟量模块 EM235 配接，EM235 根据温度变送器所接的热电阻温度变化输出模拟信号送给变频器 MM420 的模拟信号输入端，从而改变变频器的输出频率，改变电动机的转速。

学习成果评价

现场测验：用选择开关代替按钮，通过调节电位器改变输入电压来控制变频器的输出电压频率，从而改变电动机的转速。重新完成项目接线及编程，完成测验要求。

思考讨论

“蛟龙号”载人深潜器

“蛟龙号”载人深潜器是我国首台自主设计、自主集成研制的作业型深海载人潜水器，设计最大下潜深度为 7000m，也是目前世界上下潜能力最强的作业型载人潜水器。

"蛟龙号"的长、宽、高分别是8.2m、3.0m、3.4m，空重不超过22t，最大荷载240kg，最大速度为25海里/h（1海里＝1852m），巡航1海里/h，当前最大下潜深度7062.68m。

"蛟龙号"可在占世界海洋面积99.8%的广阔海域中使用，对于我国开发利用深海的资源有着重要的意义，是我国载人深潜发展历程中的一个重要里程碑。它不只是一个深海装备，更代表了一种精神，一种不畏艰险、赶超世界的精神，它是中华民族进军深海的号角。

中国是继美、法、俄、日之后世界上第五个掌握大深度载人深潜技术的国家。在全球载人潜水器中，"蛟龙号"属于第一梯队。目前全世界投入使用的各类载人潜水器约90艘，其中下潜深度超过1000m的仅有12艘，更深的潜水器数量更少，目前拥有6000米以上深度载人潜水器的国家只有中国、美国、日本、法国和俄罗斯。除中国外，其他4国的作业型载人潜水器最大工作深度为日本的6527m。"蛟龙号"载人潜水器在西太平洋的马里亚纳海沟海试成功到达7020m海底，创造了作业型载人潜水器新的世界纪录，标志着我国深海潜水器成为海洋科学考察的前沿与制高点之一。

"蛟龙号"载人潜水器的操控系统如下表。

中国"蛟龙号"载人潜水器的操控系统

主要控制系统	即中国"龙脑"，由中科院沈阳自动化研究所自主研制
航行控制系统	是中国"龙脑"的核心，具备自动定向、定深、定高以及悬停定位功能，能使"蛟龙号"全自动航行，免去潜航员长时间驾驶之累
综合显控系统	相当于"仪表盘"，能够分析水面母船传来的信息，显示出"蛟龙号"和母船的位置以及潜水器各系统的运行状态，实现母船与"蛟龙号"间的互动
水面监控系统	显示母船信息与"蛟龙号"信息的集合，使指挥员能对母船的位置和"蛟龙号"的位置进行正确判断，进而做出相应调整，保证"蛟龙号"安全回家
数据分析平台	可以对综合显控系统所采集的数据如深度、温度及报警信息等进行分析，使之自动生成图形
半物理仿真平台	主要用途是验证"蛟龙号"控制系统设计的准确性。科研人员可以模拟水下环境，测试控制系统的运行状况，以节约人力、物力，降低风险，缩短研制周期，提高系统可靠性和安全性，还能为潜航员训练提供虚拟环境

项目五

制药设备电气控制系统装配、分析及设计

项目导读

医药产业是我国国民经济的重要组成部分，一直保持着较快的增长。随着医药产业的发展，我国制药设备行业也在快速的发展。目前我国制药设备企业已达近千家，已经发展成为制药设备生产大国。

制药设备是指用于药用生产、检测、包装等工艺用途的机械设备。制药行业设备众多，自动化程度较高，需要大量一线技能型的机械和电气维修维护人员，并对维修维护人员的职业能力提出了更高要求。希望本书能够为制药行业一线技术人员深入了解设备控制原理、维修维护及工艺革新提供帮助。

压片机、V型混合机、包衣机是制药生产中关键的设备。针对这些设备的操作、装配、调试及维修维护技能要求，本项目设计了四项任务。要求学生熟练完成这些设备电气控制系统的分析、安装、调试及设计改进，以提升实践技能。

学习目标

1. 熟练掌握项目所用电器的结构、原理、符号及使用方法。
2. 熟练绘制压片机、V型混合机和包衣机控制系统电路图。
3. 安装并调试制药厂的压片机、V型混合机和包衣机控制系统。
4. 对制药压片机交流接触器控制系统进行设计改进。

项目实施

本项目共有四项任务，通过四项任务的完成，来提升学生对制药设备电气控制系统的分析、安装、调试及设计改进技能。

任务一
制药压片机电气控制系统装配

工作任务 >>

熟练完成制药压片机电气控制系统的安装、调试及故障检修；熟练掌握所用电器的结构、原理、符号及使用方法；熟练绘制压片机控制系统电路图。

任务目标 >>

1. 熟练掌握任务所用电器的结构、原理、符号及使用方法。
2. 熟练绘制压片机控制系统电路图。
3. 安装并调试制药厂的压片机控制系统。

任务实施 >>

压片机是制药行业片剂生产中最为关键的核心设备，目前生产中广泛使用的主要为多冲旋转式压片机。

一、压片机简介

压片机的主要用途就是将各种粉末状的药物原料按照需求制成药片。压片机是制药行业片剂生产中最为关键的核心设备，影响多数的质量指标和经济指标。目前，国内压片机的机型根据冲模数可分为单冲压片机和多冲旋转压片机两大类，根据结构及旋转方式可分为单冲式压片机、旋转式压片机、亚高速旋转式压片机、全自动高速压片机以及旋转式包芯压片机。

多冲旋转式压片机是目前生产中广泛使用的压片机，其电气控制方式主要分为两种：交流接触器控制系统和PLC控制系统。本任务只完成交流接触器控制系统的装配及调试。

1. 压片机的结构

图 5-1　制药行业常用的旋转式压片机

旋转式压片机的工作原理和结构如图 5-1 所示，是目前生产中使用最广泛的压片机，主要由传动部件、转台部件、压轮架部件、轨道部件、润滑部件及围罩等组成。一般转台结构为三层，上层的模孔中装入上冲杆，中层装中模，下层的模孔中装下冲杆。由传动部件带来的动力使转台旋转，在转台旋转的同时，上下冲杆沿着固定的轨道作有规律的上下运动。在上冲上面及下冲下面的适当位置装着上压轮和下压轮，在上冲和下冲转动并经过各自的压轮时，被压轮推动，使上冲向下、下冲向上运动并加压于物料。转台中层台面置有一位置固定不动的加料器，物料经加料器源源不断地流入中模孔中。压力调节手轮用来调节下压轮的高度，下压轮的位置高，则压缩时下冲抬得高，上下冲之间的距离近，压力大，反之压力就小。片重调节手轮用来调节物料的充填，也即调整中模孔内物料的容积。

2. 电气控制系统

（1）控制系统的组成

压片机的电气控制系统主要由断路器、交流接触器、热继电器、控制变压器、启动按钮、停止按钮、三相交流电动机和工作状态指示灯组成。其控制线路如图 5-2 所示。

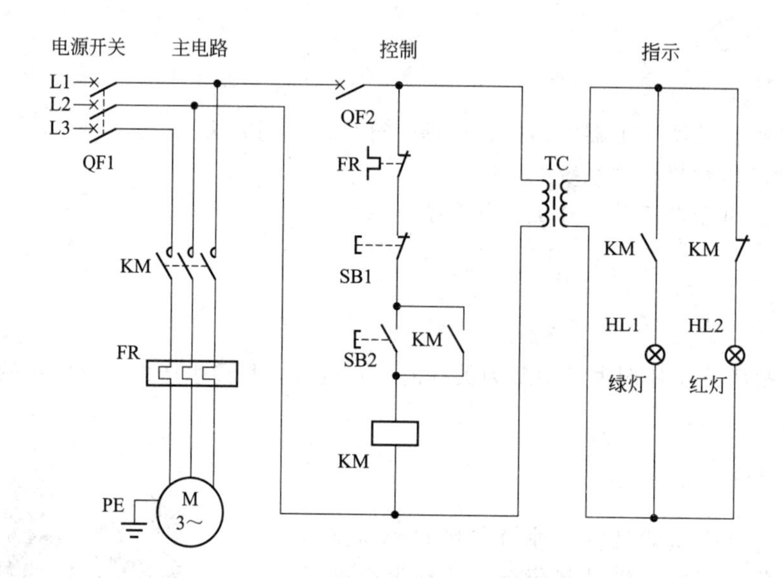

图 5-2　制药厂常用的 19 冲、33 冲和 55 冲等压片机电气原理

（2）启动压片机

合上断路器 QF1 和辅助电路的断路器 QF2，变压器 TC 工作，红色指示灯 HL2 亮，表示压片机处于供电状态；绿色指示灯 HL1 不亮，表示压片机处于不运转状态。

按下启动按钮 SB2，交流接触器 KM 线圈得电自锁，其主触头闭合，电动机 M 启动连续运转。同时，与红色指示灯串联的交流接触器 KM 常闭辅助触头分断，红色指示灯 HL2 熄灭；与绿色指示灯串联的交流接触器 KM 常开辅助触头闭合，绿色指示灯 HL1 点亮，表示压片机处于运转状态。

（3）停止压片机

按下停止按钮 SB1，交流接触器 KM 线圈失电解除自锁，其主触头分断，电动机 M 停转。同时，与绿色指示灯串联的交流接触器 KM 常开辅助触头分断，绿色指示灯 HL1 熄灭；与红色指示灯串联的交流接触器 KM 常闭辅助触头重新闭合，红色指示灯 HL2 点亮，表示压片机处于供电但不运转状态。

二、设备、工具及材料

1. 设备

三相异步电动机一台。

2. 工具

测电笔、万用表、尖嘴钳、钢丝钳、剥线钳、电工刀、活扳手、手电钻、压接钳、手锯等。

3. 材料

断路器、熔断器、交流接触器、接触器辅助触头、热继电器、变压器、按钮；端子排、接线端子、线槽、异形号码管、螺钉；0.5mm^2、1.5mm^2、2.5mm^2 的铜线各若干米；电器安装板；绝缘手套。

三、安装与调试

看懂图 5-2 所示的制药厂常用 19 冲、33 冲和 55 冲等压片机电气原理图，按照图 5-3 的电器布置及国家中级电工鉴定标准进行装配并调试。

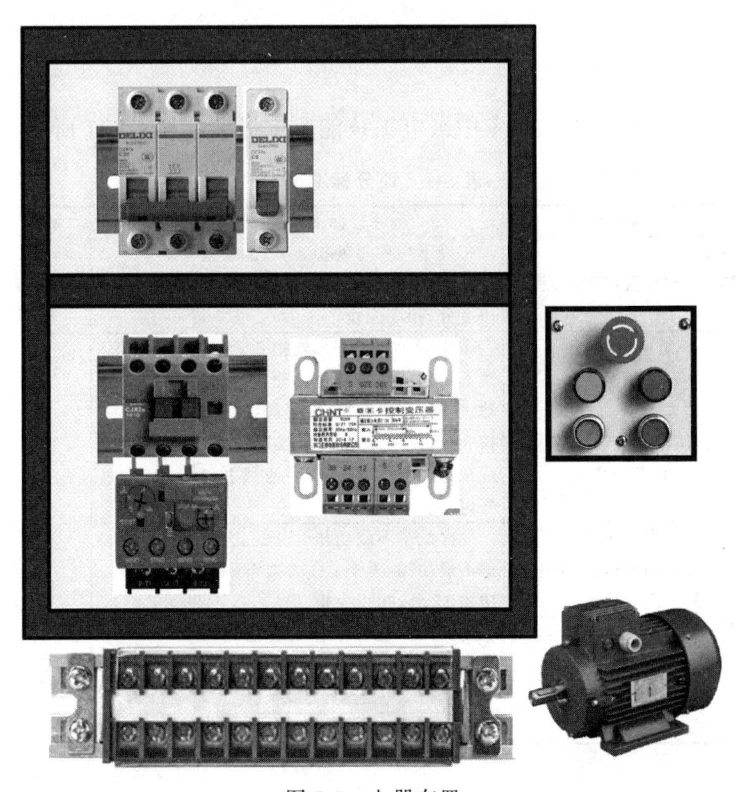

图 5-3　电器布置

任务拓展

画出多台三相电动机先后顺序工作的电气原理图（图 5-4）。

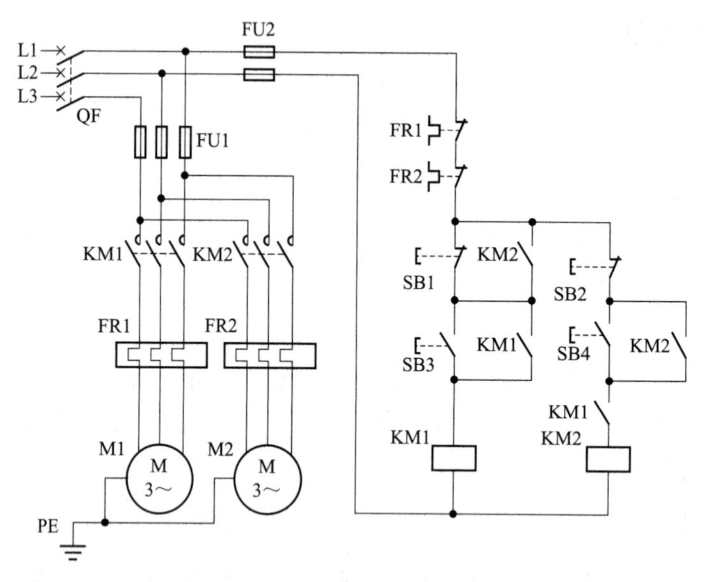

图 5-4　多台三相电动机先后顺序工作的电气原理

学习成果评价

项目完成质量评分标准参照国家中级电工技能鉴定标准，如表 5-1 所示。

表 5-1　评分标准（2）

序号	主要内容	考核要求	评分标准	配分	扣分	得分
1	元件安装	按位置图固定元件	布局不均称每处扣 2 分；漏错装元件每件扣 5 分；安装不牢固每处扣 2 分，扣完为止	20		
2	布线	布线横平竖直；接线紧固美观；电源、电动机、按钮要接到端子排上，并有标号	布线不横平竖直每处扣 2 分；接线不紧固美观每处扣 2 分；接点松动、反圈、压绝缘层、标号漏错每处扣 2 分；损伤线芯或绝缘层、裸线过长每处扣 2 分；漏接地线扣 2 分，扣完为止	40		
3	通电试车	在保证人身和设备安全的前提下，通电试验一次成功	一次试车不成功扣 5 分；二次试车不成功扣 10 分；三次试车不成功扣 15 分，扣完为止	30		
4	安全文明生产	遵守操作规程	违反操作规程按情节轻重适当扣分	10		
备注			合计	100		
			教师签字			年　月　日

任务二
V型混合机电气控制系统装配

工作任务

熟练掌握任务所用电器的结构、原理、符号及使用方法；熟练绘制V型混合机控制系统电路图；完成V型制药混合机电气控制系统的安装、调试及故障检修。

任务目标

1. 熟练掌握项目所用电器的结构、原理、符号及使用方法。
2. 绘制V型混合机控制系统电路图。
3. 安装并调试V型混合机控制系统。

任务实施

混合机是利用机械力和重力将两种或两种以上的物料均匀混合起来的机械。混合机械广泛地用于各类工业生产中。

一、V型混合机简介

常用的混合机分为气体和低黏度液体混合器、中高黏度液体和膏状物混合机械、热塑性物料混合机、粉状与粒状固体物料混合机械四大类。

制药行业常用的混合机主要有V型混合机、三维运动混合机、双锥混合机、槽型混合机等。如图5-5所示为制药行业常用的V型混合机。

二、电气控制系统

1. 控制系统的组成

V型混合机的电气控制系统主要由断路器、交流接触器、热继电器、熔断器、时间继电器、启动按钮、停止按钮、点动按钮和三相交流电动机组成。其电气控制线路如图5-6所示。

2. 启动V型混合机

合上断路器QF→按下启动按钮SB2→交流接触器KM的线圈得电并自锁→交流接触器KM的主触头闭合→电动机M启动运转。

3. 停止V型混合机

按下停止按钮SB1→交流接触器KM的线圈失电并解除自锁→交流接触器KM的主触头分断→电动机M停止。

图 5-5 制药行业常用的 V 型混合机

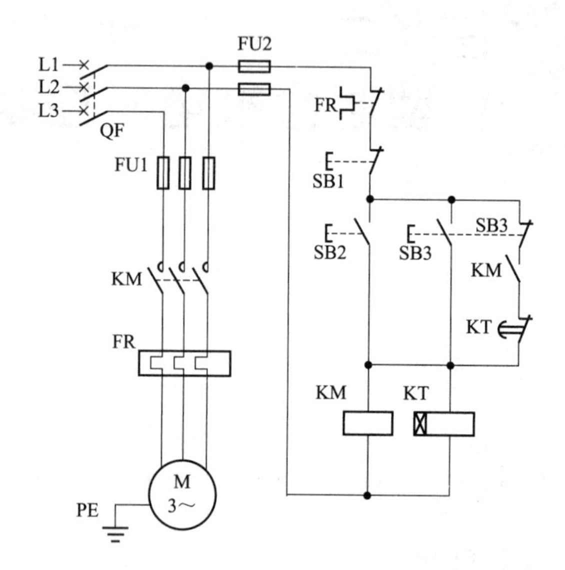

图 5-6 制药厂常用的 V 型混合机电气原理

4. **定时控制**

进行定时控制时，首先在时间继电器上设置定时时间，按下启动按钮 SB2 →交流接触器 KM 的线圈得电并自锁，同时时间继电器的线圈得电计时→交流接触器 KM 的主触头闭合→电动机 M 启动运转。

定时时间到，时间继电器的延时常闭触点分断→交流接触器 KM 的线圈失电并解除自锁→交流接触器 KM 的主触头分断→电动机 M 停止，同时时间继电器的线圈失电恢复原状态。

V 型混合机自动停止运转时，若出料口不在下方无法出料，则按点动按钮 SB3 直到出料口运转到下方再松开点动按钮即可。

三、设备、工具及材料

1. **设备**

三相异步电动机一台。

2. **工具**

测电笔、万用表、尖嘴钳、钢丝钳、剥线钳、电工刀、活扳手、手电钻、压接钳、手锯等。

3. **材料**

断路器、熔断器、交流接触器、热继电器、时间继电器、按钮；端子排、接线端子、线槽、异形号码管、螺钉；$0.5mm^2$、$1.5mm^2$、$2.5mm^2$ 的铜线各若干米；电器安装板；绝缘手套。

四、装配及调试

根据 V 型混合机电气原理图，按照国家中级电工鉴定标准评定成绩。

任务拓展 >>

绘制利用时间继电器实现顺序启动控制的电气控制原理图。电气原理如下：

在生产机械中，有时要求一个控制系统中一台电动机 M1 启动 t（s）后，M2 再自动启动，可利用时间继电器的延时功能来实现，如图 5-7 所示。

按下启动按钮 SB2，接触器 KM1 的线圈得电实现自锁，电动机 M1 启动运转，同时与接触器 KM1 线圈并联的时间继电器 KT 得电开始计时。延时 t（s）后，时间继电器 KT 的延时常开触点闭合，接触器 KM2 的线圈得电自锁，电动机 M2 自动启动；同时接触器 KM2 的辅助常闭触点分断，时间继电器 KT 的线圈失电，其延时常开触点恢复原状态。

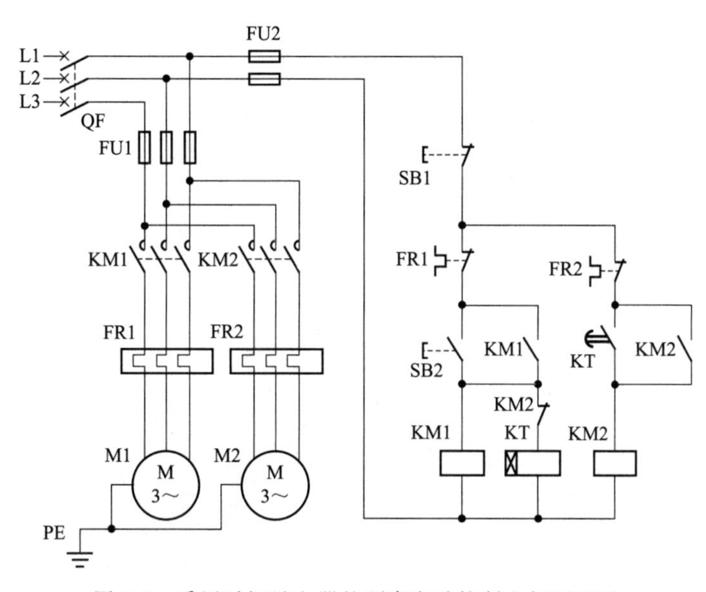

图 5-7　采用时间继电器的顺序启动控制电气原理图

学习成果评价 >>

项目完成质量评分标准参照国家中级维修电工技能鉴定标准，见表 5-2。

表 5-2　评分标准（3）

序号	主要内容	考核要求	评分标准	配分	扣分	得分
1	元件安装	按位置图固定元件	布局不均称每处扣 2 分；漏错装元件每件扣 5 分；安装不牢固每处扣 2 分，扣完为止	20		
2	布线	布线横平竖直；接线紧固美观；电源、电动机、按钮要接到端子排上，并有标号	布线不横平竖直每处扣 2 分；接线不紧固美观每处扣 2 分；接点松动、反圈、压绝缘层、标号漏错每处扣 2 分；损伤线芯或绝缘层、裸线过长每处扣 2 分；漏接地线扣 2 分，扣完为止	40		

续表

序号	主要内容	考核要求	评分标准	配分	扣分	得分
3	通电试车	在保证人身和设备安全的前提下，通电试验一次成功	一次试车不成功扣5分；二次试车不成功扣10分；三次试车不成功扣15分，扣完为止	30		
4	安全文明生产	遵守操作规程	违反操作规程按情节轻重适当扣分	10		
备注			合计	100		
			教师签字	年　月　日		

任务三 制药包衣机电气控制系统分析

工作任务

完成包衣机交流接触器控制系统的装配及调试。在此基础上，要求学生自己设计包衣机的PLC控制系统（包括控制系统硬件选择、电路图设计及编程设计），提高学生的综合实践能力。

任务目标

1. 掌握常用测温传感器的结构、工作原理及应用方法。
2. 完成工业电加热炉的自动控温系统安装与调试。
3. 读懂制药包衣机交流接触器控制系统电路图。
4. 熟练完成制药包衣机交流接触器控制系统的安装与调试。
5. 设计包衣机的PLC控制系统，包括系统硬件选择、电路图设计及编程设计。

任务实施

一、工业电加热炉的自动控温系统安装与调试

（一）常用的测温元件

工业生产中常用的测温元件有热电偶和热电阻。热电阻一般检测0～150℃的温度范围（可以检测负温度），热电偶可检测0～1000℃的温度范围（甚至更高），所以热电阻适宜低温检测，热电偶适宜高温检测。

1. 热电偶

（1）热电偶测温的基本原理

将两种不同材料的导体或半导体A和B焊接起来，构成一个闭合回路；当导体A和B的两个焊接点之间存在温差时，两者之间便产生电动势，因而在回路中形成热电流，这种现象称为热电效应。热电偶就是利用这一效应来工作的，如图5-8所示。

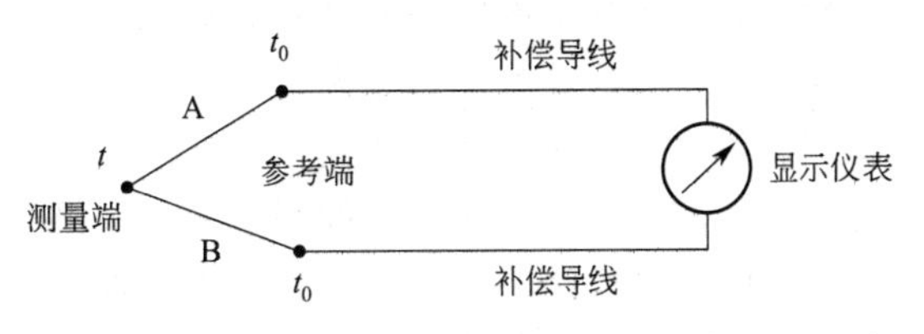

图5-8 热电偶测温的基本原理

接点t在测量时将其置于测温场所感受被测温度，故称为测量端（或工作端，热端）。

接点t_0一般为断开状态，便于与显示仪表连接进行温度显示，并且要求温度恒

定，称为参考端（或冷端）。

（2）热电偶的种类

1988年1月1日起，我国热电偶和热电阻全部按IEC国际标准生产，并指定了S、R、B、K、T、J、N、E八种标准化热电偶为我国统一设计型热电偶，见表5-3。

表5-3 热电偶的种类

热电偶分度号	热电极材料	
	正极	负极
S	铂铑10	纯铂
R	铂铑13	纯铂
B	铂铑30	铂铑6
K	镍铬	镍硅
T	纯铜	铜镍
J	铁	铜镍
N	镍铬硅	镍硅
E	镍铬	铜镍

（3）热电偶冷端的温度补偿

由于热电偶的材料一般都比较贵重（特别是采用贵金属时），而测温点到显示仪表的距离都很远，为了节省热电偶的材料，降低成本，通常采用补偿导线把热电偶的冷端（自由端）延伸到温度比较稳定的控制室内，连接到仪表端子上，减少冷端温度因靠近测温现场波动较大对测温结果产生的误差。

在使用热电偶补偿导线时必须注意型号相配，极性不能接错，补偿导线与热电偶连接端的温度不能超过100℃。

工业用热电偶作为温度测量元件，通常和显示仪、记录仪等配套使用，来测量各种生产过程中0～+1800℃范围内液体、蒸汽和气体介质以及固体表面的温度，并可根据用户的要求做成铠装、防爆等适合多种工业现场和实验室要求的产品。

2. 热电阻

（1）热电阻的结构、工作原理和分类

热电阻是基于电阻的热效应进行温度测量的，即利用电阻体的阻值随温度变化而变化的特性测温。因此，只要测量出感温热电阻的阻值变化，就可以测量出温度。目前主要有金属热电阻和半导体热敏电阻两类。

最常用的热电阻是金属热电阻，其电阻值和温度可用下列的近似关系式表示：

$$R_t = R_{t0}[1+\alpha(t-t_0)]$$

式中，R_t 为温度 t 时的阻值；R_{t0} 为温度 t_0（通常 $t_0=0℃$）时对应的电阻值；α 为温度系数。

相较而言，热敏电阻的温度系数更大，常温下的电阻值更高（通常在数千欧以上），但互换性较差，非线性严重，测温范围只有－50～300℃左右，大量用于家电以及汽车用温度检测和控制。金属热电阻一般适用于－200～500℃范围内的温度测量，其特点是测量准确、稳定性好、性能可靠，在过程控制中的应用极其广泛。

目前应用最广泛的热电阻材料是铂和铜。铂电阻精度高，适用于中性和氧化性介质，稳定性好，具有一定的非线性，温度越高电阻变化率越小；铜电阻在测温范围内电阻值和温度呈线性关系，温度系数大，适用于无腐蚀介质，超过150℃易被氧化。我国最常用的铂电阻

有 $R_0=10\Omega$、$R_0=100\Omega$ 和 $R_0=1000\Omega$ 等几种，它们的分度号分别为 Pt10、Pt100、Pt1000；铜电阻有 $R_0=50\Omega$ 和 $R_0=100\Omega$ 两种，它们的分度号为 Cu50 和 Cu100。其中 Pt100 和 Cu50 的应用最为广泛。

（2）接线方式

热电阻是把温度变化转换为电阻值变化的一次元件，通常需要把电阻信号通过引线传递到计算机控制装置或者其他一次仪表上。工业用热电阻安装在生产现场，与控制室之间存在一定的距离，因此热电阻的引线对测量结果会有较大的影响。

目前热电阻的引线主要有三种方式：

① 二线制。在热电阻的两端各连接一根导线来引出电阻信号的方式叫二线制。这种引线方法很简单，但由于连接导线必然存在引线电阻 r（r 的大小与导线的材质和长度有关），因此这种引线方式只适用于测量精度较低的场合。

② 三线制。在热电阻的根部一端连接一根引线，另一端连接两根引线的方式称为三线制。这种方式通常与电桥配套使用，可以较好地消除引线电阻的影响，是工业过程控制中最常用的。

③ 四线制。在热电阻的根部两端各连接两根导线的方式称为四线制。其中两根引线为热电阻提供恒定电流 I，把 R 转换成电压信号 U，再通过另外两根引线把 U 引至二次仪表。可见这种引线方式可完全消除引线的电阻影响，主要用于高精度的温度检测。

3. 热电偶与热电阻的区别

（1）信号的性质不同

热电阻本身是电阻，温度的变化使电阻产生正的或者是负的阻值变化；而热电偶是产生感应电压的变化，它随温度的改变而改变。

（2）温度范围不同

热电阻一般检测 0～150℃的温度范围（可以检测负温度），热电偶可检测 0～1000℃的温度范围（甚至更高）。所以，前者用于低温检测，后者用于高温检测。

（3）材料不同

热电阻是一种具有温度敏感变化的金属材料。热电偶是双金属材料，即两种不同的金属，由于温度的变化，在两个不同金属丝的两端产生电势差。用不同的金属材料制成的热电偶，在同样温度下，输出的电势是不同的。比如用铂铑-铂丝制成的热电偶，我们称为 S 分度，它在 0℃时输出 0mV，1000℃时输出 9.585mV；用镍铬-镍硅丝制成的热电偶，我们称 K 分度，它在 0℃时输出 0mV，1000℃时输出 39.816mV。

（二）设备、工具及材料

① 实训台的温度数显表、直流电压表。

② 星科 XK-SN02 型温度传感器检测实训单元。

③ 智能数显仪表。

④ WRN 型热电偶分度号 K（线路已经接至温控仪表内部）、铠装热电阻分度号 Cu50、金属套玻璃温度计。

热电阻和热电偶的结构外形很相似，主要由保护管（内有测温元件）和接线盒构成，可根据铭牌上的分度号进行区分，如图 5-9 所示。

⑤ 数字万用表、电工工具、实验导线等。

（三）实验装置及电路图

本任务采用山东星科智能科技股份有限公司生产的 XK-SN02 型温度传感器检测实训单

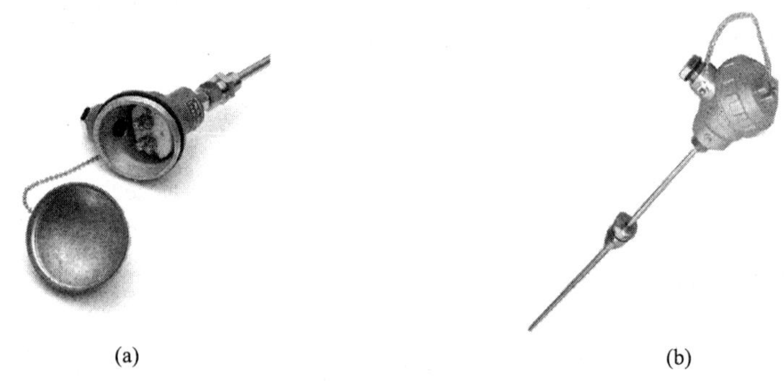

(a) (b)

图 5-9 铠装热电阻、热电偶

元（图 5-10）完成装配过程，也可采用其他公司生产的实训装置或自行设计电加热炉。电加热炉的自动控温控制系统接线如图 5-11 所示。

图 5-10 XK-SN02 型温度传感器检测实训单元

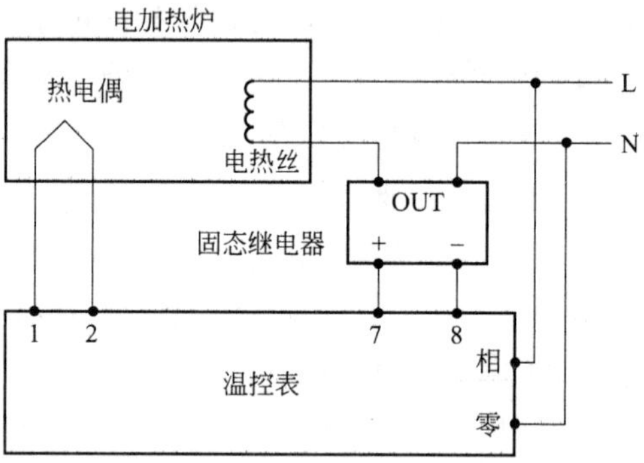

图 5-11 电加热炉的自动控温控制系统接线图

实训台提供了 Cu50 和 K 分度的测温仪表，可以直接输入热电阻或热电偶而无须进行信号转换。

如果令温度信号输出是 0～10mA 或 0～10V、4～20mA 就要用到温度变送器。温度变送器有二线制和四线制之分。二线制是电源和信号用两根线传送，比如 4～20mA 的仪表，就用二线制传送。四线制是电源和信号各用两根线来传送，互相隔离，比如 0～10mA、0～10V 都用四线制。

金属套管玻璃温度计采用螺纹安装，最大测量温度 150℃，可直接测环境的温度。

（四）实验步骤

① 将热电阻、热电偶、金属套玻璃温度计固定到实训单元顶部的螺母上，然后完成温度传感器与相应智能数显仪表的接线。热电偶端子盒内部有两个接线端子，端子分正负极，热电偶线路的另一端已接到温度装置的温控仪表上。

② 设置温度实训装置上 XMT 温度数控仪表的参数，选择温度传感器分度号（设置方法请参见配套的说明书）。

热电阻接线：（Cu50 或 PT100）采用三线制接线，可由热电阻接线盒内的两个接线端子引出三条导线（某个端子须引出两条线），根据热电阻接线图，接到实训台智能仪表面板转接端子 5、6、7 处。

热电偶接线：首先须根据热电偶的工作原理判断其正负端。假定热电偶所处的环境温度为0℃以上，用万用表毫伏挡测量两个引出端子上的电势，若电压表显示为正值，则此时红表笔所接触的端即为TC+。判断完毕，分别接到温度数显表（K）的TC+、TC－处。若环境温度较低，此时测量其电势，结果可能不明显，可以适当给热电偶加温，然后再进行测量。

热电偶的接线正确与否，也可通过温度显示仪表的数据变化来判断。如果温度实训单元的加热一直在持续，温度逐渐上升，而显示仪表却显示温度在下降，此时可断定热电偶的极性接反了。

详细步骤如下：

① 设定实训单元上温控器的温控值，例如50℃，通电后温控器开始控制加热。

② 接通温度控制实物装置上XMT数显表的电源，设置该仪表的参数使得装置温度控制在合适的实验范围内。

③ 加热过程中观察铁壳玻璃管温度计、温控器、数显表的变化。

④ 温度恒定到50℃时可将多个测量结果进行比对。

⑤ 温度恒定时将热电阻的接线拆除但不要从温室中取出，用万用表测量其阻值并与热电阻分度特性对照表中Cu50热电阻该温度下的阻值对照。

⑥ 同样温度恒定时将热电偶的接线拆除，但不要从温室中取出，在智能数显表上读取测量值。

提示：热电偶还可作为毫伏电压输入信号接入仪表中，并将测得的电压值与热电偶温度毫伏对照表中该温度下的电势对照。

二、制药包衣机交流接触器控制系统安装与调试

（一）包衣机简介

在特定的设备中按特定的工艺将糖料或其他能成膜的材料涂覆在药物固体制剂的外表面，使其干燥后成为紧密黏附在表面的一层或数层不同厚薄、不同弹性的多功能保护层，这个多功能保护层就叫作包衣。包衣一般应用于固体形态制剂，可以分为粉末包衣、微丸包衣、颗粒包衣、片剂包衣、胶囊包衣。

片剂包衣应用最广泛，它常采用锅包衣机和高效包衣机包衣，后者应用于薄膜包衣效果更佳。如图5-12所示为制药行业包衣机的外观。

图5-12　制药行业包衣机

（二）电气控制系统

1. 电气控制系统的组成

下面以高效包衣机为例讲解包衣机的电气控制系统。高效包衣机是对中、西药片片芯外表进行糖衣、薄膜等包衣的设备，是集强电、弱电、液压、气动于一体，将原普通型糖衣机改造的新型设备，主要由主机、可控常温热风系统、自动供液供气的喷雾系统等部分组成。包衣机采用高雾化喷枪将包衣辅料喷到药片表面上，同时药片在包衣锅内作连续复杂的轨迹运动，使包衣液均匀地包在药片的片芯上；锅内有可控常温热风对药片进行干燥，使药片表面快速形成坚固、细密、完整、圆滑的薄膜。其配件主要有调速器、喷枪、液杯、包衣锅、鼓风机。主电动机可变频调速，控制包衣锅的旋转速度。

2. **电气控制电路图**

高效包衣机的主电路如图 5-13 所示，控制电路如图 5-14 所示。读者可根据包衣机的操作及注意事项说明，自己分析电路图的控制原理。

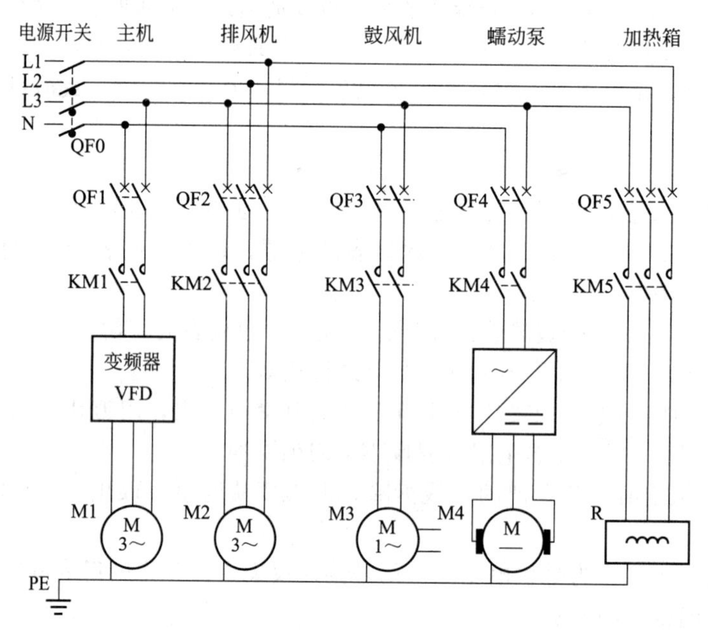

图 5-13　高效包衣机的主电路图

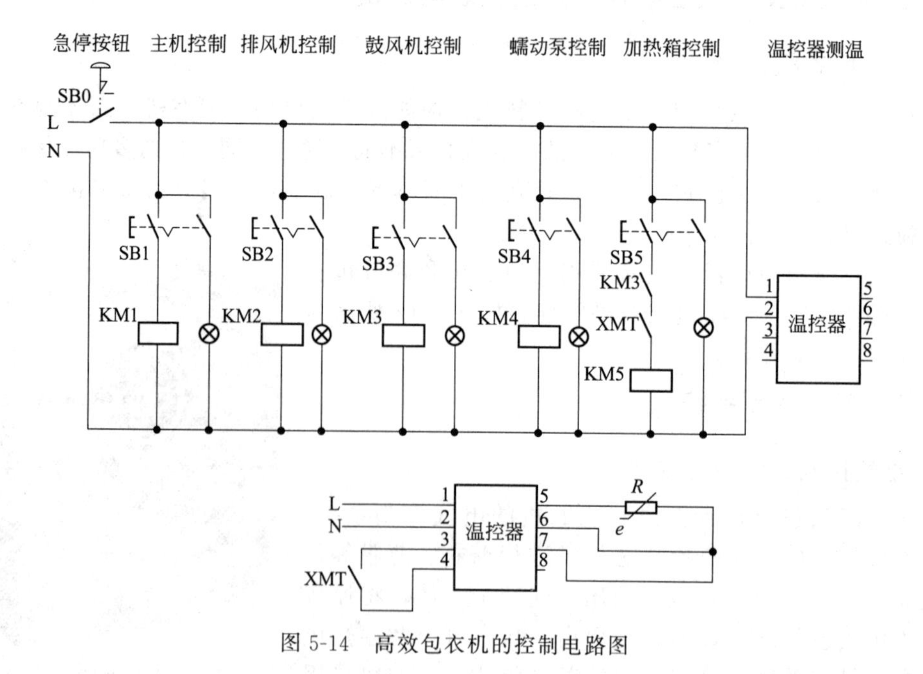

图 5-14　高效包衣机的控制电路图

（三）项目设备、工具及耗材

1. 设备

三相异步电动机两台、单相异步电动机一台、蠕动泵一台、24V 直流电源一个、三相电加热箱一个、温控表一台、空压机一台、触摸屏 MT4300C 一台、变频器 MM440 一台、西门子 PLC（CPU224XP）一台、模拟量模块 EM235 一台。

2. 工具

尖嘴钳、钢丝钳、剥线钳、电工刀、活扳手、手电钻、压接钳、手锯等。

3. 材料

断路器、接触器、热继电器、按钮（带指示灯）、端子排、冷压接线头、24V 直流电源；5mm 厚的层压板；$0.5mm^2$、$1.5mm^2$、$2.5mm^2$ 的铜线各若干米。

（四）装配、调试

1. 装配

读懂高效包衣机的控制电路图，按照国家中级维修电工技能鉴定标准，利用所给的电气设备、工具及耗材，完成装配任务。

2. 调试

（1）准备工作

① 检查包衣机及辅助设备、环境卫生是否符合要求，锅内不得有杂物。

② 首先合上总电源开关，然后打开急停按钮、附机开关、主机开关、排风机开关、鼓风机开关，最后开加热开关（不需要时不开）。

（2）片芯预热

将片芯加到包衣锅内，关闭进料门。首先打开排风与鼓风开关，然后开启包衣滚筒，调整转速为 5～8r/min，最后设定较高的加热温度，启动加热按钮，将片芯预热至 40～45℃，并吹出粉尘。

打开喷雾空气管道上的球阀，压力调至 0.3～0.4MPa。开启蠕动泵，调整蠕动泵的转速及喷枪顶端的调整螺钉，使喷雾达到理想要求，然后关闭蠕动泵，备用。

3. 包衣

① “出风温度”升至工艺要求值时，降低“进风温度”，待“出风温度”稳定至规定值时开始包衣。

② 启动蠕动泵，将配置好的包衣料液用喷枪雾化均匀地喷向转动的片芯表面，一般温度控制在 38～40℃。通过调节蠕动泵的转速调节流量、雾化气体的压力和气量来达到最佳的雾化效果。

③ 喷液完毕后，先关蠕动泵；然后继续加热干燥，待片面干燥达到要求后再关掉热风开关；最后降低转速，开始吹凉风，直至药片温凉至室温时停止。

④ 包衣过程完毕后，依次关掉鼓风开关、排风开关、附机开关、主机开关、急停按钮，再将旋转支臂连同喷枪支架转出包衣机滚筒外。随后取出包衣片，密封后储存。

任务拓展

设计包衣机的 PLC 控制系统，包括控制系统硬件选择、电路图设计及编程设计。

学习成果评价

1. 现场测验：完成工业电加热炉的自动控温系统的温控表参数设置及调试，根据完成的时间、参数设置是否正确、控温效果给出效果评定。

2. 装配任务完成质量评价主要采用现场提问方式，评分标准参照表5-4进行。

表5-4　评分标准（4）

序号	主要内容	考核要求	评分标准	配分	扣分	得分
1	电器名称	熟练说出所用电器的名称	说错一个电器名称扣5分，扣完为止	20		
2	电器符号	画出所用电器的文字符号和图形符号	画不出或画错所用电器的文字符号扣5分，图形符号画错扣10分，扣完为止	40		
3	电器原理	讲述教师所指定的一种电器的结构和原理	讲述的结构组成不完整，少说一个扣5分；讲述电器原理，按照讲述是否清楚、流畅，逻辑性是否适当扣分，扣完为止	30		
4	安全文明生产	遵守操作规程，爱护设备电器	违反操作规程，不爱护电器，按情节轻重适当扣分	10		
备注			合计	100		
			教师签字			年　月　日

任务四
制药压片机的 PLC 控制系统设计

工作任务 >>

掌握制药压片机的 PLC 控制系统硬件设计及编程练习。

任务目标 >>

1. 能够根据压片机的生产要求选取控制系统所需的硬件。
2. 掌握接近开关、光电开关和编码器的结构、工作原理及应用方法。
3. 熟练完成由触摸屏、PLC 和变频器构成的压片机控制系统的硬件装配。
4. 能够根据生产要求熟练设置变频器的参数，完成对电动机的控制。
5. 熟练完成 PLC 编程和触摸屏画面编辑。
6. 调试设备，完成项目控制要求，并能够熟练查找、检测、排除出现的故障。

任务实施 >>

一、工具及耗材

1. 设备

三相异步电动机一台、触摸屏 MT4300C 一台、变频器 MM440 一台、西门子 PLC（CPU224XP 或 CPU226）一台、模拟量模块 EM235 一台；压片机一台。

2. 工具

尖嘴钳、剥线钳、电工刀、活扳手、手电钻、压接钳、手锯等。

3. 材料

断路器、接触器、热继电器、按钮、光电开关、接近开关、编码器、刹车电阻、端子排、冷压接线头、24V 直流电源；5mm 厚的层压板；导线若干米。

二、任务要求

在对 19 冲压片机的机械结构不做改动以及投入少量资金的前提下，对其电气控制系统进行技术改造，采用触摸屏、PLC 和变频器控制压片机的运行，使压片机试车劳动强度大幅度降低。电动机调速采用变频器调速，简单易行且调节范围变宽；变频器配置刹车电阻以对电动机进行紧急制动，若遇到紧急情况能急停，阻止事故进一步扩大；并且压片机能够实现药片数量的自动计数，使该类压片机的自动化程度获得一定程度的提高，较大地减轻操作人员的劳动强度，提高了操作人员及设备的安全性。利用 PLC 的定时器指令可对压片机进行定时控制。已经进行控制系统改进的压片机如图 5-15 所示。详细控制过程如下：

触摸屏与 PLC、变频器构成通信控制系统。触摸屏控制 PLC 的运行，PLC 与变频器根据编写的程序进行 RS485 通信，变频器驱动压片机的电动机运行，从而带动压片机的转盘运转压片。触摸屏上设置了点动调试和启停开关，在压片机正式压片前，先通过点动调试按钮对压片机进行调试；调试时对电动机的转速进行了限制，使压片机在低速下运行，保证操作人员能及时发现故障并停车。调试运行正常后，即可按动启停按钮进行正式压片生产。触摸屏上设置了电动机的加减速按钮，可以根据生产要求，及时改变电动机的转速，从而改变药片生产的速度。编码器通过联轴器与电动机的运转轴相连，可以及时地把电动机的转速传送给 PLC，由 PLC 根据程序转换为药片数量在触摸屏上实时显示。触摸屏上设置了药片清零按钮，在压片计数前可对原存数量进行清零。变频器配置了刹车电阻对电动机可进行紧急制动，若遇到紧急情况能急停，阻止事故进一步扩大。利用 PLC 的定时器指令可对压片机进行定时控制。

图 5-15 采用 PLC 控制系统的压片机

三、压片机 PLC 控制系统电路图设计（供参考）

根据西门子 PLC（CPU224XP）对变频器 MM440 启停及转速控制方式的不同，可以设计如下两种电路图。第一种设计如图 5-16 所示，利用 PLC 模拟量输出对变频器转速进行控制，所用的与 PLC 进行连接的计数装置为光电开关。本任务只对第一种设计进行 PLC 编程和触摸屏画面编辑。第二种设计如图 5-17 所示，利用 PLC 的 USS 协议及指令对变频器启停及转速进行控制，所用的与 PLC 进行连接的计数装置可采用编码器，由学生自主完成 PLC 编程、触摸屏画面编辑、设备装配及调试。

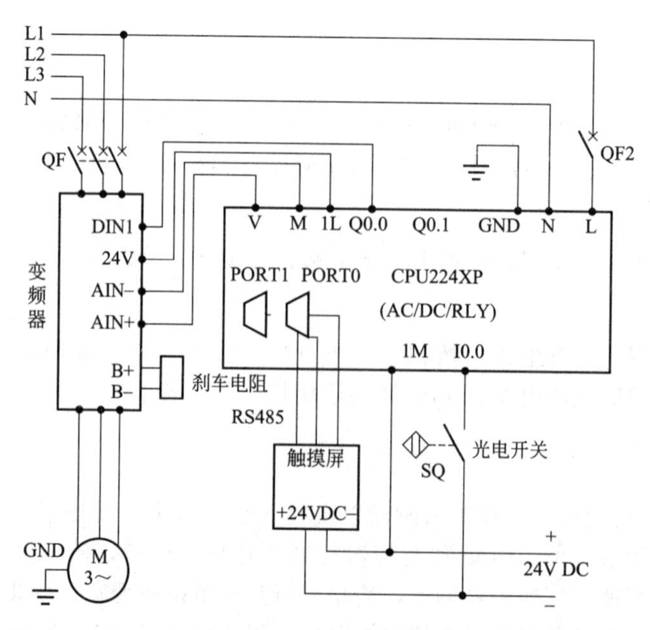

图 5-16 利用 PLC 模拟量输出对变频器转速进行控制的线路图

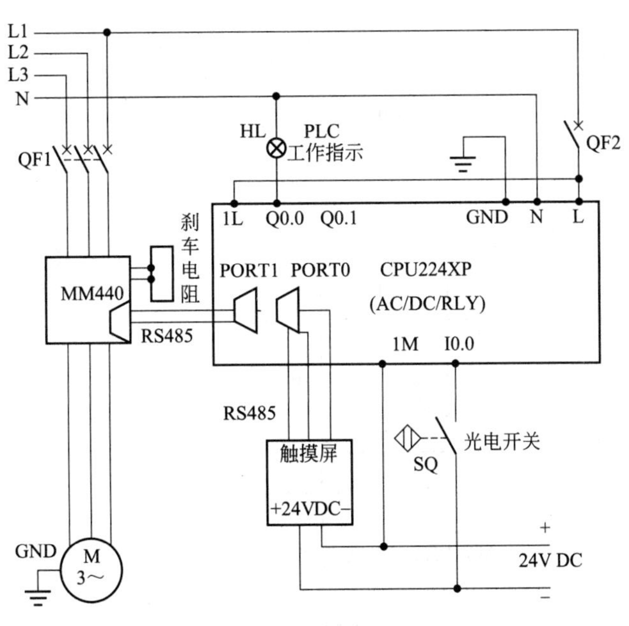

图 5-17 利用 PLC 的 USS 协议指令对变频器启停及转速进行控制的线路图

四、控制系统 PLC 编程（供参考）

控制系统 PLC 编程需结合所用步科触摸屏 MT4300C 的画面功能键设计，程序中 M0.0 为触摸屏设备操作页面中功能键“启停”的地址，M0.1 为设备操作页面中功能键“点动调试”的地址，M0.2 为设备操作页面中功能键“定时启停”的地址，M0.3 为设备操作页面中功能键“计数清零”的地址，VW0 为设备操作页面中数值输入键“转速”的地址，VW4 为设备操作页面中数值输入键“定时时间”的地址，VW8 为设备操作页面中数值显示键“药片计数”的地址，两个转速快调功能键的地址与转速设置键的地址相同，均为 VW0。PLC 参考程序如图 5-18 所示。

五、触摸屏 MT4300C 画面编辑（供参考）

首先通过触摸屏 MT4300C 的应用手册自学练习触摸屏的画面编辑方法，在熟练应用的基础上再进行本任务的触摸屏画面编辑。

结合 PLC 程序，触摸屏 MT4300C 制作了 5 幅页面，即触摸屏画面首页、触摸屏第二页“页面选择”画面、触摸屏第三页“操作规程”画面、触摸屏第四页“设备操作”画面、触摸屏第五页“故障显示”画面。在触摸屏第二页设置了操作规程、设备操作、故障显示和返回首页等功能项，点击某个功能项即可进入该功能项所对应的页面。

点击触摸屏第二页的“设备操作”功能项，即可进入触摸屏的“设备操作”界面。该页面设置了点动调试和启停按钮，在压片机正式压片前，先通过点动调试按钮对压片机进行调试；调试时对电动机的转速进行了限制，使压片机的电动机以输入电源频率 $f=10\text{Hz}$ 的转速运行，保证操作人员能及时发现故障并停车。调试运行正常后，即可按动启停按钮进行正式压片生产。触摸屏上设置了电动机的加减速按钮，每触摸一次该功能键，电动机的运转频率即可加减 10Hz，可以根据生产要求，及时迅速地改变电动机的转速，从而改变生产速度。同时触摸屏上还设置了电动机的输入电源频率功能键“转速”，点击该功能键，会出现一个

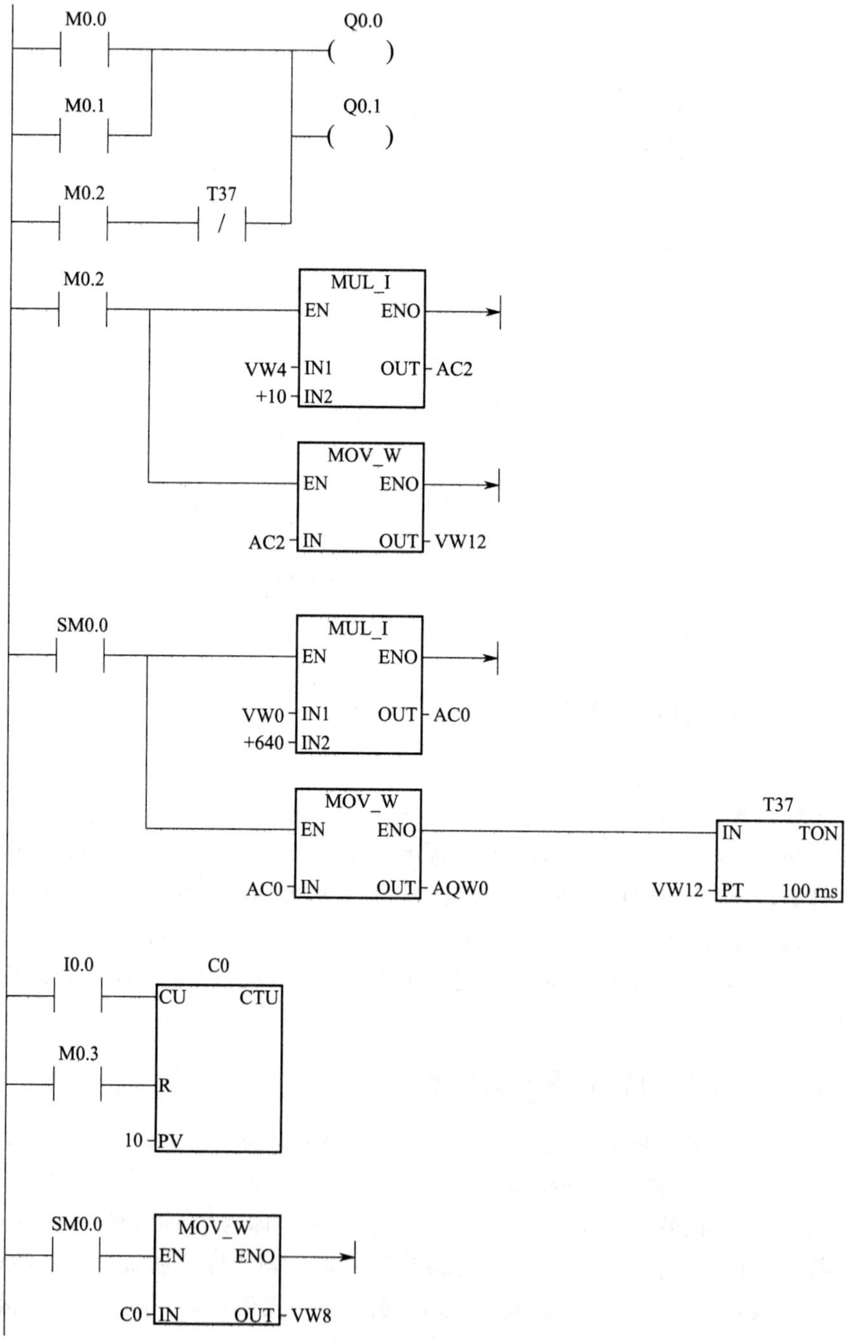

图 5-18 PLC 参考程序

数字输入键盘，可以根据生产要求，输入操作者认可的任意电动机运转的频率，从而达到理想的生产速度。

触摸屏的“设备操作”界面设置了“药片计数”功能键。采用光电开关或编码器均可测出生产的药片数量，光电开关适用于低转速生产状况，编码器适用于高转速生产状况。把光电开关安装在上冲或下冲经过的位置，经过的冲模对光电开关所发出的红外线产生遮挡，光电开关就通断一次；光电开关信号端与 PLC 输入端 I0.0 连接，则 I0.0 也要通断一次，PLC

就可利用计数器指令编程进行计数。也可通过联轴器将编码器与电动机的运转轴相连，编码器可将电动机的转速传送给 PLC，由 PLC 根据程序转换为药片数量在触摸屏上实时显示。同时，触摸屏上还设置了药片清零按钮，在压片计数前可对原存数量进行清零，保证计数的正确性。

触摸屏的“设备操作”界面还设置了“定时时间”功能键，可在触摸屏上设定压片机运转的时间，按下“定时启停”功能键，即可对压片机生产进行定时控制。

触摸屏主要画面编辑如下：

① 初始画面如图 5-19 所示。

② 页面选择画面如图 5-20 所示

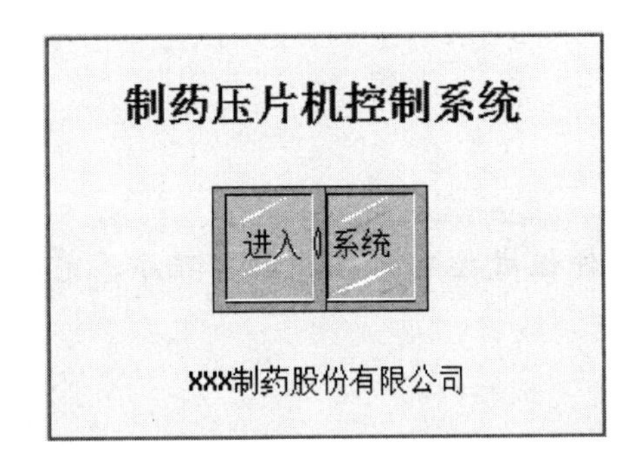

图 5-19　初始画面

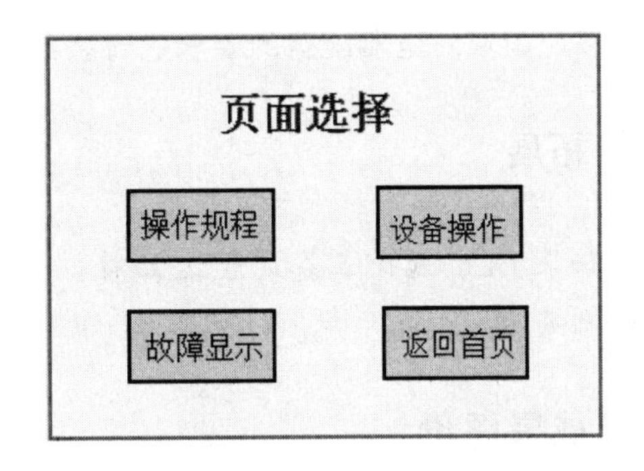

图 5-20　页面选择画面

③ 设备操作画面如图 5-21 所示。

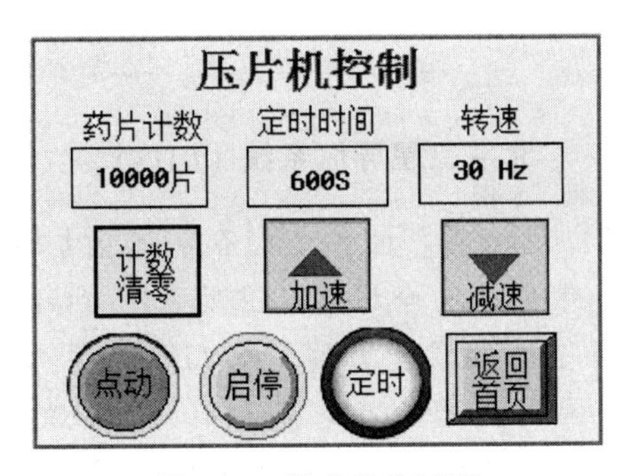

图 5-21　设备操作画面

六、变频器参数设置

① 设置参数前先将变频器的参数复位为工厂的默认设定值。

② 设定 P0003=2，允许访问扩展参数。

③ 设定电动机的参数时先设定 P0010=1（快速调试）。

④ 按照表 5-5 调整变频器的参数。

表 5-5　参数功能表（7）

序号	变频器参数	出厂值	设定值	功能说明
1	P0304	230	380	电动机的额定电压（380V）
2	P0305	3.25	0.35	电动机的额定电流（0.35A）
3	P0307	0.75	0.06	电动机的额定功率（60W）

续表

序号	变频器参数	出厂值	设定值	功能说明
4	P0310	50.00	50.00	电动机的额定频率(50Hz)
5	P0311	0	1430	电动机的额定转速(1430 r/min)
6	P1000	2	2	模拟输入
7	P0700	2	2	选择命令源(由端子排输入)
8	P0701	1	1	ON/OFF(接通正转/停车命令1)

⑤ 电动机的参数设置完成设定 P0010＝0。

七、装配调试

按照国家对电器配盘的要求进行装配调试。

任务拓展

如果PLC选择三菱或台达品牌，如何选择硬件组成控制系统，编写程序，完成项目控制要求？

学习成果评价

现场测验：完成制药压片机的PLC控制系统装配、编程及调试。

思考讨论

北斗卫星导航系统（BDS）

在中国的北斗导航系统出现之前，世界上具备导航能力的系统只有三个，分别是美国的全球定位系统（GPS）、俄罗斯的全球导航卫星系统（GLONASS）和欧盟的伽利略（Galileo）定位系统，而具备全球导航能力的只有GPS，另外两个都只具备区域导航能力。无论是现代社会，还是国防武器，基本都离不开导航的辅助，可以说现在没有导航，就相当于没有了眼睛。因此作为全球导航的GPS，美国不仅用它为全球提供服务，赚取相应的利润，而且能够在战争中随时掐断对手的导航能力，这也是美国能够称霸全球的秘密武器之一。

2020年7月31日，北斗三号全球卫星导航系统正式开通。北斗系统研制团队始终坚持自主创新，关键技术一定要掌握在自己手中。北斗系统攻克了星间链路、高精度星载原子钟等160余项关键核心技术，突破了500余种器部件国产化研制，实现了北斗三号卫星核心器部件百分百国产化。

卫星导航系统是当今最重要的定位导航授时手段，是信息化社会的重要基础，关系到国家安全和个人隐私。作为国家重要的空间基础设施，北斗系统的研制与建成，对我国时空信息安全具有重要意义。

项目六

拓展项目：特殊指令的应用

项目导读

我们在掌握了 PLC 常用的基本指令后，能够根据生产的需要，编制基本的程序控制设备的运行，满足生产要求。但在生产要求较复杂或进行精确控制的情况下，仅掌握这些基本的常用指令就很难达到要求，比如步进电动机和伺服电动机的控制，就需要用到一些特殊的指令才能满足生产要求。本项目针对生产中的复杂情况及要求，介绍了一些特殊指令，以满足学有余力的人员继续进行知识的学习和能力的提升。

学习目标

1. 了解子程序的概念，掌握子程序建立和调用的方法。

2. 理解中断、中断事件、中断优先级等的概念，了解各类中断事件及中断优先级，掌握中断指令的格式和功能以及中断程序的建立方法。

3. 了解高速计数器的计数方式、工作模式、控制字节、初始值和预置寄存器以及状态字节等的含义，掌握高速计数器指令的格式和功能，学会使用高速计数器。

4. 了解 PWM 和 PTO 的含义以及 PTO/PWM 寄存器的各位含义，掌握高速脉冲输出指令的格式和功能，能够使用 PTO/PWM 发生器产生需要的控制脉冲。

5. 熟悉步进电动机驱动器及步进电动机运动的使用方法。

项目实施

本项目共有三项任务，通过三项任务的完成，达到熟练使用 PLC 特殊指令的目标。

任务一
子程序的应用

工作任务

掌握 PLC 子程序的应用方法。

任务目标

了解子程序的概念，掌握子程序建立和调用的方法。

任务实施

通常将具有特定功能并且能多次使用的程序段作为子程序。主程序中用指令决定具体子程序的执行状况。当主程序调用子程序并执行时，子程序执行全部指令直至结束。然后，系统将返回至调用子程序的主程序。子程序用于为程序分段和分块，使其成为较小的、更易于管理的块。在程序中调试和维护时，通过使用较小的程序块，对这些区域和整个程序简单地进行调试和排除故障。只在需要时才调用程序块，可以更有效地使用 PLC，因为所有的程序块可能无须执行每次扫描。

一、建立子程序的方法

可采用下列一种方法建立子程序：

① 在“编辑”菜单中选择插入→ 子程序。

② 在“指令树”用鼠标右键单击“程序块”图标，并从弹出的菜单中选择插入→子程序。

③ 在“程序编辑器”窗口用鼠标右键单击，并从弹出的菜单中选择插入→ 子程序。

程序编辑器从先前的程序编辑窗口显示更改为新的子程序编辑窗口。程序编辑器底部会出现一个新标签，代表新的子程序。此时，可以对新的子程序编程。

二、子程序调用及子程序返回指令的格式

子程序有子程序调用和子程序返回两大类指令，子程序返回又分为条件返回和无条件返回。其指令格式见表 6-1。

需要说明的是：

① 子程序可以多次被调用，也可以嵌套（最多 8 层），还可以自己调自己。

② 子程序调用指令用在主程序和其他调用子程序的程序中。子程序的无条件返回指令在子程序的最后网络段，梯形图指令系统能够自动生成子程序的无条件返回指令，用户无须输入。

表 6-1 子程序指令格式

梯形图指令	语句表	指令功能
SBR_0 EN	CALL SBR_0	子程序调用指令：子程序的编号从 0 开始，随着子程序个数的增加自动生成，可为 0～63
—(RET)	CRET	子程序有条件返回
无	RET	子程序无条件返回，系统能够自动生成

三、 程序举例

任务：电动机手动/自动操作模式选择控制。

1. 控制要求

利用子程序，通过选择开关 SA 的通断，使电动机按照生产要求分别完成工艺调试和正常生产控制。

2. 程序设计

PLC 的 I0.1 接停止按钮，I0.2 接启动按钮，I0.3 接选择开关 SA，Q0.1 接交流接触器 KM 的线圈。电动机相关的其他硬件接线根据任务要求可自己完成。

电动机手动/自动操作模式选择控制程序如图 6-1 所示，图（a）～（c）分别表示主程序、子程序 0、子程序 1。手动操作模式与子程序 0 对应，自动操作模式与子程序 1 对应，在主程序里根据选择条件分别调用它们。

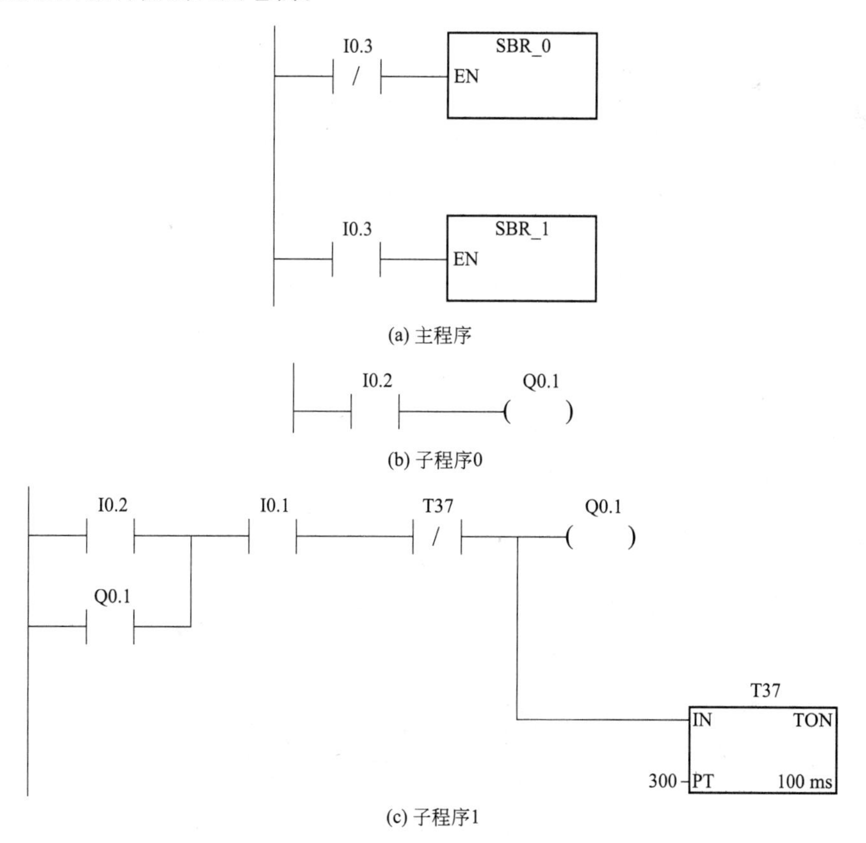

图 6-1 电动机手动/自动操作模式选择控制程序

程序工作原理如下：

① 选择手动操作模式。断开选择开关 SA，在主程序中调用子程序 0，当按下启动按钮 I0.2 时，Q0.1 得电；当松开启动按钮 I0.2 时，Q0.1 失电。

② 选择自动操作模式。接通选择开关 SA，在主程序中调用子程序 1，当按下启动按钮 I0.2 时，Q0.1 得电自锁，30s 后 Q0.1 自动失电。在程序运行过程中，当按下停止按钮 I0.1 时，Q0.1 立即失电。

学习成果评价

现场测验：采用前面学过的跳转指令完成电动机手动/自动操作模式选择控制，编写程序并测试。

任务二
中断指令的应用

工作任务

掌握 PLC 中断指令的应用方法。

任务目标

掌握 PLC 中断事件的类型、中断优先级及中断指令的用法。

任务实施

中断是 PLC 在实时处理和实时控制中不可缺少的一项技术。当控制系统执行正常程序时，系统中出现了某些急需处理的异常情况或特殊请求，会暂时中断现行程序，转去处理紧急事件（即中断服务程序）；中断服务程序处理完毕，系统自动回到原来的程序继续执行。

S7-200 设置了中断功能，用于实时控制、高速处理、通信和网络等复杂和特殊的控制任务。

一、中断事件

1. 中断事件的类型

为了便于识别，系统给每个中断事件都分配了一个编号，称为中断事件号。S7-200 系列可编程控制器最多有 34 个中断事件号，分为三大类：通信中断、I/O 中断和时基中断。

（1）通信中断

PLC 在自由口通信模式下，用户可通过编程来设置波特率、奇偶校验和通信协议等参数。用户通过编程控制通信端口的事件为通信中断。

（2） I/O 中断

PLC 对 I/O 点状态的各种变化产生中断。I/O 中断包括外部输入上升/下降沿中断、高速计数器中断和高速脉冲输出中断。S7-200 用输入（I0.0、I0.1、I0.2 或 I0.3）上升/下降沿产生中断，这些输入点用于捕获在发生时必须立即处理的事件。高速计数器中断是指对高速计数器运行时产生的事件实时响应，包括当前值等于预设值时产生的中断、计数方向改变时产生的中断或计数器外部复位产生的中断。脉冲输出中断是指预定数目脉冲输出完成而产生的中断，常用来完成步进电动机运转的控制。

（3）时基中断

时基中断包括定时中断和定时器 T32/T96 中断。定时中断用于支持周期性的活动，周期时间为 1～255ms，时基是 1ms。使用定时中断 0，必须在 SMB34 中写入周期时间；使用定时中断 1，必须在 SMB35 中写入周期时间。将中断程序连接在定时中断事件上，若定时中断被允许，则计时开始，每当达到定时时间值，执行中断程序。定时中断可以用来对模拟量输入进行采样或定期执行 PID 回路。定时器 T32/T96 中断指允许对定时间间隔产生中断。这类中断只能用时基为 1ms 的定时器 T32/T96 构成。当中断被启用后，当前值等于预置值时，在 S7-200 执行的正常 1ms 定时器更新的过程中，执行连接的中断程序。

2. 中断优先级和排对等候

优先级是指多个中断事件同时发出中断请求时，CPU 对中断事件响应的优先次序。S7-200 规定的中断优先由高到低依次是：通信中断、I/O 中断和定时中断。每类中断中不同的中断事件又有不同的优先权，见表 6-2。

表 6-2 中断事件及优先级

优先级分组	组内优先级	中断事件号	中断事件说明	中断事件类别
通信中断	0	8	通信口 0：接收字符	通信口 0
	0	9	通信口 0：发送完成	
	0	23	通信口 0：接收信息完成	
	1	24	通信口 1：接收信息完成	通信口 1
	1	25	通信口 1：接收字符	
	1	26	通信口 1：发送完成	
I/O 中断	0	19	PTO 0 脉冲串输出完成中断	脉冲输出
	1	20	PTO 1 脉冲串输出完成中断	
	2	0	I0.0 上升沿中断	外部输入
	3	2	I0.1 上升沿中断	
	4	4	I0.2 上升沿中断	
	5	6	I0.3 上升沿中断	
	6	1	I0.0 下降沿中断	
	7	3	I0.1 下降沿中断	
	8	5	I0.2 下降沿中断	
	9	7	I0.3 下降沿中断	
	10	12	HSC0 当前值=预置值中断	高速计数器
	11	27	HSC0 计数方向改变中断	
	12	28	HSC0 外部复位中断	
	13	13	HSC1 当前值=预置值中断	
	14	14	HSC1 计数方向改变中断	
	15	15	HSC1 外部复位中断	
	16	16	HSC2 当前值=预置值中断	
	17	17	HSC2 计数方向改变中断	
	18	18	HSC2 外部复位中断	
	19	32	HSC3 当前值=预置值中断	
	20	29	HSC4 当前值=预置值中断	
	21	30	HSC4 计数方向改变	
	22	31	HSC4 外部复位	
	23	33	HSC5 当前值=预置值中断	
定时中断	0	10	定时中断 0	定时
	1	11	定时中断 1	
	2	21	定时器 T32 CT=PT 中断	定时器
	3	22	定时器 T96 CT=PT 中断	

一个程序中总共可有 128 个中断。S7-200 在各自的优先级组内按照先来先服务的原则

为中断提供服务。在任何时刻，都只能执行一个中断程序。一旦一个中断程序开始执行，则一直执行直至完成，不能被另一个中断程序打断，即使是更高优先级的中断程序。中断程序执行中，新的中断请求按优先级排队等候。中断队列能保存的中断个数有限，若超出，则会产生溢出。中断队列的最多中断个数和溢出标志位见表 6-3。

表 6-3 中断队列的最多中断个数和溢出标志位

队列	CPU 221	CPU 222	CPU 224	CPU 226 和 CPU 226XM	溢出标志位
通信中断队列	4	4	4	8	SM4.0
I/O 中断队列	16	16	16	16	SM4.1
定时中断队列	8	8	8	8	SM4.2

二、中断指令

中断指令有 4 条，包括开、关中断指令，中断连接、分离指令。指令格式见表 6-4。

表 6-4 中断指令格式

LAD	—(ENI)	—(DISI)	ATCH EN ENO ???? INT ???? EVNT	DTCH EN ENO ???? EVNT
STL	ENI	DISI	ATCH INT,EVNT	DTCH EVNT
操作数及数据类型	无	无	INT:常量,0～127 EVNT:常量,CPU 224：0～23；27～33 INT/EVNT 数据类型:字节	EVNT:常量,CPU 224：0～23；27～33 数据类型:字节

1. 开、中断指令

开中断（ENI）指令全局性允许所有中断事件，关中断（DISI）指令全局性禁止所有中断事件。中断事件每次出现均排队等候，直至使用全局开中断指令重新启用中断。

PLC 转换到 RUN（运行）模式，中断开始时被禁用，可以通过执行开中断指令，允许所有中断事件；执行关中断指令会禁止处理中断，但是现用中断事件将继续排队等候。

2. 中断连接、分离指令

中断连接（ATCH）指令可将中断事件（EVNT）与中断程序号码（INT）相连接，并启用中断事件。

分离中断（DTCH）指令可取消某中断事件（EVNT）与所有中断程序之间的连接，并禁用该中断事件。

注意：一个中断事件只能连接一个中断程序，但多个中断事件可以调用一个中断程序。

三、中断程序

1. 中断程序的概念

中断程序是为处理中断事件而事先编好的程序。中断程序不是由程序调用，而是在中断事件发生时由操作系统调用。在中断程序中不能改写其他程序使用的存储器，最好使用局部变量。中断程序应实现特定的任务，应“越短越好”；中断程序由中断程序号开始，以无条件返回（CRETI）指令结束。在中断程序中禁止使用 DISI、ENI、HDEF、LSCR 和 END 指令。

2. 建立中断程序的方法

方法一："编辑"菜单→选择插入→ 中断。

方法二：在"指令树"用鼠标右键单击"程序块"图标则弹出菜单→选择插入→中断。

方法三：在"程序编辑器"窗口，选择网络 1、网络 2 等任意空白处，单击鼠标右键→插入→中断程序。

程序编辑器从先前的编辑窗口显示更改为新中断程序，在程序编辑器的底部会出现一个新标记，代表新的中断程序。

四、程序举例

1. 利用中断程序使 Q0.0 置位和复位

（1）控制要求

在 I0.0 的上升沿，通过中断使 Q0.0 立即置位；在 I0.1 的下降沿，通过中断使 Q0.0 立即复位。

（2）程序设计

I0.0 的上升沿中断事件号是 0，I0.1 的下降沿中断事件号是 3，其主程序、中断子程序如图 6-2 所示。

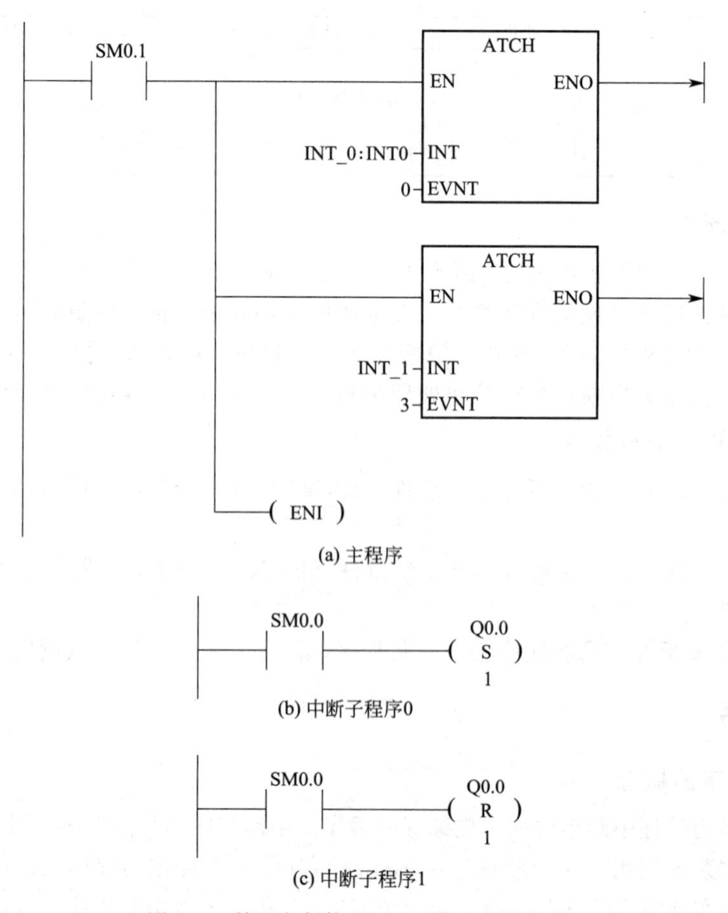

(a) 主程序

(b) 中断子程序0

(c) 中断子程序1

图 6-2　利用中断使 Q0.0 置位和复位程序

2. 彩灯循环点亮控制

（1）控制要求

采用定时器中断的方式实现 Q0.0～Q0.7 输出的依次移位（间隔时间 1s）。按下启动按钮 I0.0，移位从 Q0.0 开始；按下停止按钮 I0.1，移位停止且清零。

（2）程序设计

采用移位指令与中断指令的配合完成彩灯依次点亮控制。按下启动按钮的第一个扫描周期置 QB0 初值，并建立 T96 定时器中断事件与中断子程序 0 的连接，实现全局开中断；设置 T96 定时器的预设值为 1s，并保证系统停止时不会有任何输出；编制中断子程序，实现 QB0 的左移位控制。其梯形图程序如图 6-3 所示。

按下启动按钮 I0.0，观察彩灯点亮情况；按下停止按钮 I0.1，观察彩灯循环过程是否停止。

若要彩灯向右依次点亮，应如何编程？

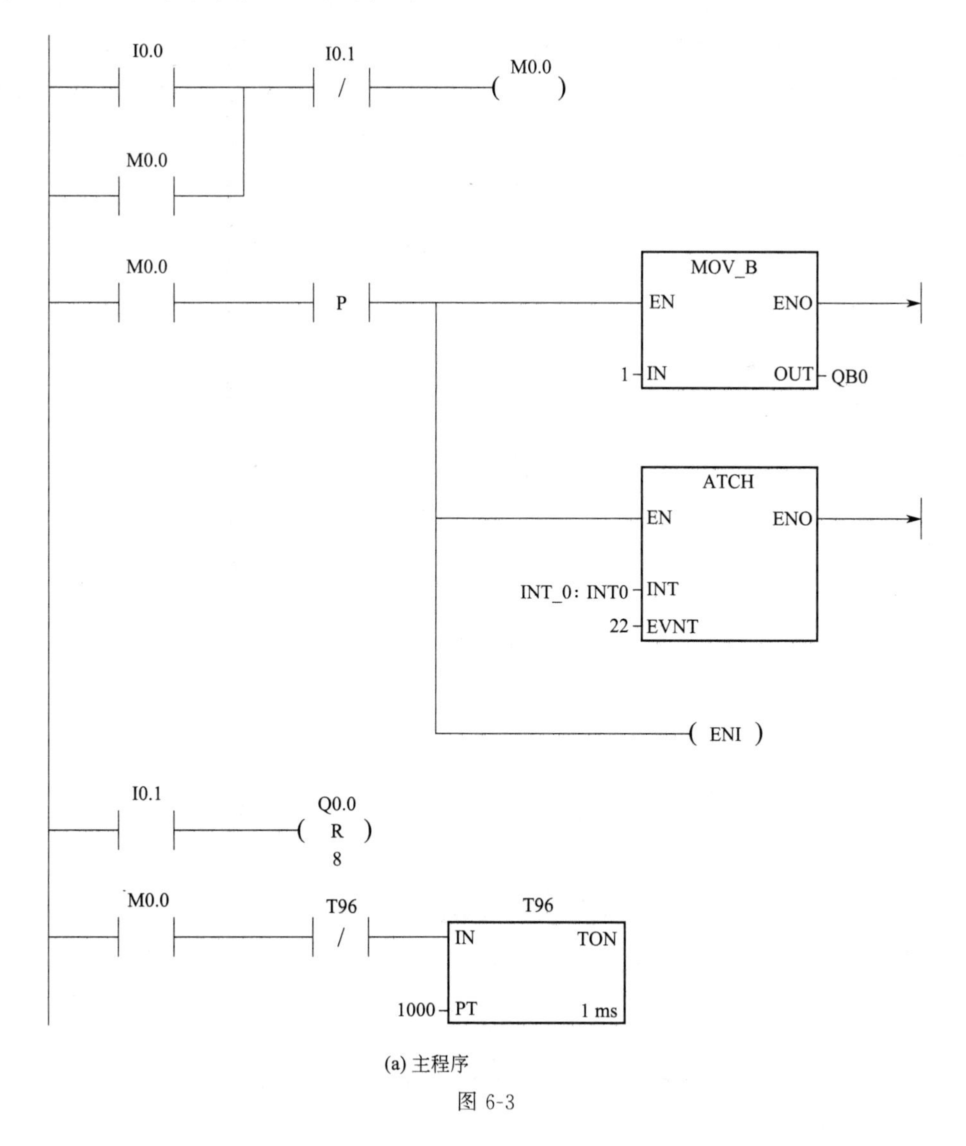

(a) 主程序

图 6-3

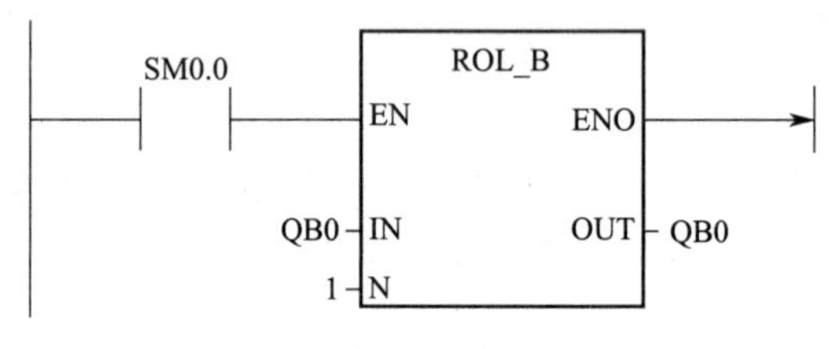

(b) 中断子程序0

图 6-3 彩灯循环点亮控制程序

3. 利用中断程序完成数据采样工作

（1）控制要求

编程完成采样工作，要求每 10ms 采样一次。

（2）程序设计

用定时中断完成每 10ms 采样一次。定时中断 0 的中断事件号为 10。在主程序中，将采样周期（10ms）即定时中断的时间间隔写入定时中断 0 的特殊存储器 SMB34，并将中断事件 10 和 INT0 连接，全局开中断。在中断程序 0 中，将模拟量输入信号读入，其程序如图 6-4 所示。

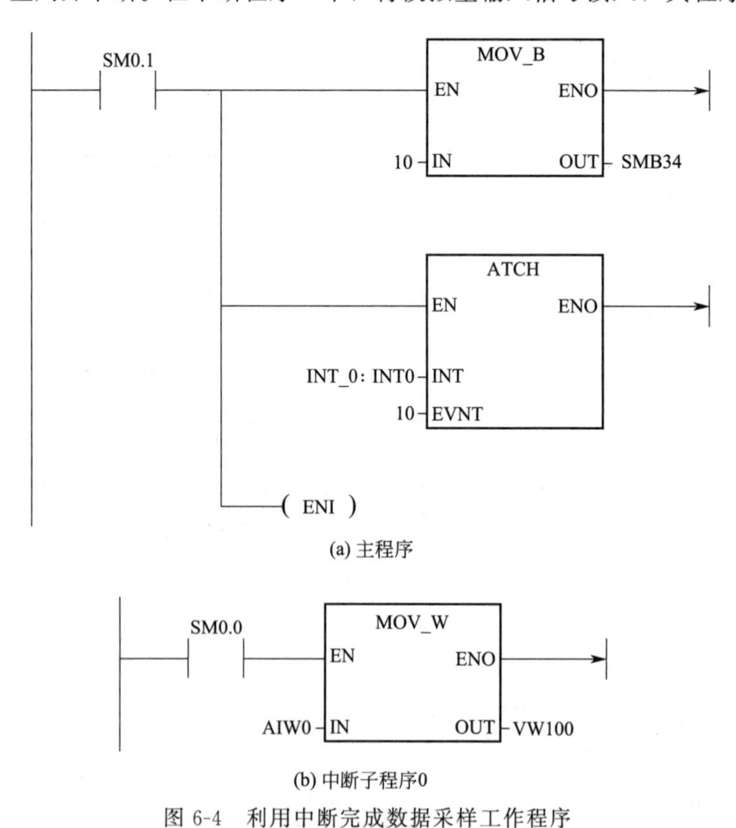

(a) 主程序

(b) 中断子程序0

图 6-4 利用中断完成数据采样工作程序

学习成果评价

现场测验：采用定时器中断的方式实现 Q0.0～Q0.4 输出的依次向右移位（间隔时间 3s），编写程序并测试。

任务三
高速计数器与高速脉冲输出指令的应用

工作任务 >>

掌握 PLC 高速计数器与高速脉冲输出指令的应用方法。

任务目标 >>

1. 掌握 PLC 高速计数器的计数方式、工作模式及指令用法。
2. 掌握 PLC 高速脉冲输出指令的用法。

任务实施 >>

前面讲的计数器指令的计数速度受扫描周期的影响，对于 CPU 扫描频率高的脉冲输入，就不能满足控制要求了。为此，S7-200 系列 PLC 设计了高速计数功能（HSC），其计数自动进行不受扫描周期的影响，最高计数频率取决于 CPU 的类型。CPU22x 系列的最高计数频率为 30kHz，用于捕捉比 CPU 扫描速更快的事件，并产生中断，执行中断程序，完成预定的操作。高速计数器最多可设置 12 种不同的操作模式。用高速计数器可实现高速运动的精确控制。

S7-200 CPU22x 系列 PLC 还设有高速脉冲输出，输出频率可达 20kHz，用于 PTO（输出一个频率可调、占空比为 50%的脉冲）和 PWM（输出占空比可调的脉冲）。高速脉冲输出的功能可用于对电动机进行速度控制、位置控制和控制变频器使电动机调速。

一、高速计数器

1. 占用的输入/输出端

（1）高速计数器占用的输入端子

CPU224 有六个高速计数器，其占用的输入端子见表 6-5。

表 6-5　高速计数器占用的输入端子

高速计数器	使用的输入端子	高速计数器	使用的输入端子
HSC0	I0.0，I0.1，I0.2	HSC3	I0.1
HSC1	I0.6，I0.7，I1.0，I1.1	HSC4	I0.3，I0.4，I0.5
HSC2	I1.2，I1.3，I1.4，I1.5	HSC5	I0.4

各高速计数器不同的输入端有专用的功能，如时钟脉冲端、方向控制端、复位端、启动端。

注意：同一个输入端不能用于两种不同的功能。但是高速计数器当前模式未使用的输入端均可用于其他用途，如作为中断输入端或作为数字量输入端。例如，如果在模式2中使用高速计数器HSC0，模式2使用I0.0和I0.2，则I0.1可用于边缘中断或用于HSC3。

（2）高速脉冲输出占用的输出端子

S7-200有PTO、PWM两台高速脉冲发生器。PTO脉冲串功能可输出指定个数、指定周期的方波脉冲（占空比50%）；PWM功能可输出脉宽变化的脉冲信号，用户可以指定脉冲的周期和脉冲的宽度。若一台发生器指定给数字输出点Q0.0，另一台发生器则指定给数字输出点Q0.1。当PTO、PWM发生器控制输出时，将禁止输出点Q0.0、Q0.1的正常使用；当不使用PTO、PWM高速脉冲发生器时，输出点Q0.0、Q0.1恢复正常的使用，即由输出映像寄存器决定其输出状态。

2. 高速计数器的工作模式

（1）高速计数器的计数方式

① 单路脉冲输入的内部方向控制加/减计数，即只有一个脉冲输入端，通过高速计数器控制字节的第3位来控制作加计数或者减计数。该位=1，加计数；该位=0，减计数。

② 单路脉冲输入的外部方向控制加/减计数，即有一个脉冲输入端，有一个方向控制端，方向输入信号等于1时，加计数；方向输入信号等于0时，减计数。

③ 两路脉冲输入的单相加/减计数，即有两个脉冲输入端，一个是加计数脉冲，一个是减计数脉冲，计数值为两个输入端脉冲的代数和。

④ 两路脉冲输入的双相正交计数，即有两个脉冲输入端，输入的两路脉冲A相、B相，相位互差90°（正交），A相超前B相90°时，加计数；A相滞后B相90°时，减计数。在这种计数方式下，可选择1x模式（单倍频，一个时钟脉冲计一个数）和4x模式（四倍频，一个时钟脉冲计四个数）。

（2）高速计数器的工作模式

高速计数器有12种工作模式，模式0～模式2采用单路脉冲输入的内部方向控制加/减计数；模式3～模式5采用单路脉冲输入的外部方向控制加/减计数；模式6～模式8采用两路脉冲输入的加/减计数；模式9～模式11采用两路脉冲输入的双相正交计数。

S7-200 CPU224有HSC0～HSC5六个高速计数器，每个高速计数器有多种不同的工作模式。HSC0和HSC4有模式0、1、3、4、6、7、8、9、10；HSC1和HSC2有模式0～模式11；HSC3和HSC5只有模式0。每种高速计数器所拥有的工作模式和其占有的输入端子的数目有关，见表6-6。

表6-6 高速计数器的工作模式和输入端子的关系及说明

<table>
<tr><td rowspan="7">HSC编号及其对应的输入端子
HSC模式</td><td>功能及说明</td><td colspan="4">占用的输入端子及其功能</td></tr>
<tr><td>HSC0</td><td>I0.0</td><td>I0.1</td><td>I0.2</td><td>×</td></tr>
<tr><td>HSC4</td><td>I0.3</td><td>I0.4</td><td>I0.5</td><td>×</td></tr>
<tr><td>HSC1</td><td>I0.6</td><td>I0.7</td><td>I1.0</td><td>I1.1</td></tr>
<tr><td>HSC2</td><td>I1.2</td><td>I1.3</td><td>I1.4</td><td>I1.5</td></tr>
<tr><td>HSC3</td><td>I0.1</td><td>×</td><td>×</td><td>×</td></tr>
<tr><td>HSC5</td><td>I0.4</td><td>×</td><td>×</td><td>×</td></tr>
<tr><td>0</td><td rowspan="3">单路脉冲输入的内部方向控制加/减计数。控制字SM37.3=0,减计数；SM37.3=1,加计数</td><td rowspan="3">脉冲输入端</td><td>×</td><td>×</td><td>×</td></tr>
<tr><td>1</td><td>×</td><td>复位端</td><td>×</td></tr>
<tr><td>2</td><td>×</td><td>复位端</td><td>启动</td></tr>
</table>

3	单路脉冲输入的外部方向控制加/减计数。方向控制端=0,减计数；方向控制端=1,加计数	脉冲输入端	方向控制端	×	×
4				复位端	×
5				复位端	启动
6	两路脉冲输入的单相加/减计数。加计数端有脉冲输入,加计数；减计数端脉冲输入,减计数	加计数脉冲输入端	减计数脉冲输入端	×	×
7				复位端	×
8				复位端	启动
9	两路脉冲输入的双相正交计数。A 相脉冲超前 B 相脉冲,加计数；A 相脉冲滞后 B 相脉冲,减计数	A 相脉冲输入端	B 相脉冲输入端	×	×
10				复位端	×
11				复位端	启动

注：×表示没有。

选用某个高速计数器在某种工作方式下工作后，高速计数器所使用的输入不是任意选择的，必须按系统指定的输入点输入信号。如 HSC1 在模式 11 下工作，就必须用 I0.6 为 A 相脉冲输入端，I0.7 为 B 相脉冲输入端，I1.0 为复位端，I1.1 为启动端。

3. 高速计数器的控制字和状态字

(1) 控制字节

定义了计数器和工作模式之后，还要设置高速计数器的有关控制字节。每个高速计数器均有一个控制字节，它决定了计数器的计数允许或禁用、方向控制（仅限模式 0、1 和 2）或对所有其他模式的初始化计数方向、装入当前值和预置值。控制字节每个控制位的说明见表 6-7。

表 6-7 HSC 的控制字节

HSC0	HSC1	HSC2	HSC3	HSC4	HSC5	说明
SM37.0	SM47.0	SM57.0	SM137.0	SM147.0	SM157.0	复位有效电平控制：0=复位信号高电平有效；1=低电平有效
SM37.1	SM47.1	SM57.1	SM137.1	SM147.1	SM157.1	启动有效电平控制：0=启动信号高电平有效；1=低电平有效
SM37.2	SM47.2	SM57.2	SM137.2	SM147.2	SM157.2	正交计数器计数速率选择：0=4×计数速率；1=1×计数速率
SM37.3	SM47.3	SM57.3	SM137.3	SM147.3	SM157.3	计数方向控制位：0 = 减计数；1 = 加计数
SM37.4	SM47.4	SM57.4	SM137.4	SM147.4	SM157.4	向 HSC 写入计数方向：0 = 无更新；1=更新计数方向

续表

HSC0	HSC1	HSC2	HSC3	HSC4	HSC5	说明
SM37.5	SM47.5	SM57.5	SM137.5	SM147.5	SM157.5	向HSC写入新预置值：0＝无更新；1＝更新预置值
SM37.6	SM47.6	SM57.6	SM137.6	SM147.6	SM157.6	向HSC写入新当前值：0＝无更新；1＝更新当前值
SM37.7	SM47.7	SM57.7	SM137.7	SM147.7	SM157.7	HSC允许：0＝禁用HSC；1＝启用HSC

(2) 状态字节

每个高速计数器都有一个状态字节，状态位表示当前计数方向以及当前值是否大于或等于预置值。高速计数器状态字节的状态位见表6-8。状态字节的0～4位不用。监控高速计数器状态的目的是使外部事件产生中断，以完成重要的操作。

表6-8 高速计数器状态字节的状态位

HSC0	HSC1	HSC2	HSC3	HSC4	HSC5	说明
SM36.5	SM46.5	SM56.5	SM136.5	SM146.5	SM156.5	当前计数方向状态位：0＝减计数；1＝加计数
SM36.6	SM46.6	SM56.6	SM136.6	SM146.6	SM156.6	当前值等于预设值状态位：0＝不相等；1＝等于
SM36.7	SM46.7	SM56.7	SM136.7	SM146.7	SM156.7	当前值大于预设值状态位：0＝小于或等于；1＝大于

4. 高速计数器指令

(1) 高速计数器指令的分类

高速计数器指令有两条：高速计数器定义指令HDEF、高速计数器指令HSC。其指令格式见表6-9。

① 高速计数器定义指令HDEF。该指令指定高速计数器（HSCx）的工作模式。工作模式的选择即选择了高速计数器的输入脉冲、计数方向、复位和启动功能。每个高速计数器只能用一条“高速计数器定义”指令。

② 高速计数器指令HSC。根据高速计数器控制位的状态和按照HDEF指令指定的工作模式，控制高速计数器。参数N指定高速计数器的号码。

表 6-9　高速计数器指令格式

LAD	HDEF EN　ENO ???? HSC ???? MODE	HSC EN　ENO ???? N
STL	HDEF　HSC,MODE	HSC　N
功能说明	高速计数器定义指令 HDEF	高速计数器指令 HSC
操作数	HSC:高速计数器的编号,为常量(0～5)数据类型:字节 MODE 工作模式,为常量(0～11) 数据类型:字节	N:高速计数器的编号,为常量(0～5) 数据类型:字
ENO=0 的出错条件	SM4.3(运行时间),0003(输入点冲突),0004(中断中的非法指令),000A(HSC 重复定义)	SM4.3(运行时间),0001(HSC 在 HDEF 之前),0005(HSC/PLS 同时操作)

(2) 高速计数器指令的使用

① 每个高速计数器都有一个 32 位当前值和一个 32 位预置值，当前值和预设值均为带符号的整数值。要设置高速计数器的新当前值和新预置值，必须设置控制字节，令其第五位和第六位为 1，允许更新预置值和当前值；新当前值和新预置值写入特殊内部标志位存储区，然后执行 HSC 指令，将新数值传输到高速计数器。当前值和预置值占用的特殊内部标志位存储区见表 6-10。

表 6-10　HSC0～HSC5 当前值和预置值占用的特殊内部标志位存储区

要装入的数值	HSC0	HSC1	HSC2	HSC3	HSC4	HSC5
新的当前值	SMD38	SMD48	SMD58	SMD138	SMD148	SMD158
新的预置值	SMD42	SMD52	SMD62	SMD142	SMD152	SMD162

除控制字节以及新预设值和当前值保持字节外，还可以使用数据类型 HC（高速计数器当前值）加计数器号码（0、1、2、3、4 或 5）读取每台高速计数器的当前值。因此，读取操作可直接读取当前值。但只有用上述 HSC 指令才能执行写入操作。

② 执行 HDEF 指令之前，必须将高速计数器控制字节的位设置成需要的状态，否则将采用默认设置。默认设置为：复位和启动输入高电平有效，正交计数速率选择 4×模式。执行 HDEF 指令后，就不能再改变计数器的设置了，除非 CPU 进入停止模式。

③ 执行 HSC 指令时，CPU 检查控制字节和有关的当前值和预置值。

5. 程序举例

任务：使用高速计数器测量电动机转轴的转速。

在工业生产过程中，常常会通过测量电动机转轴转速的方法对生产工艺进行控制，或通过测量转轴的旋转圈数对产品进行计量。

常见的转轴测速机构如图 6-5 所示。在转轴上固定一个测速圆盘，在圆盘外周嵌入一个小磁铁，将霍尔传感器靠近圆盘外周固定，间距 1～3mm；主轴每旋转一圈，霍尔传感器便接收一个磁场信号；霍尔传感器将磁场信号变换为电信号放大处理，输出脉冲信号送往

PLC 高速计数器的输入端进行计数。霍尔传感器是一种非接触型磁感应电子传感器，测量范围为 0 到几十千赫。

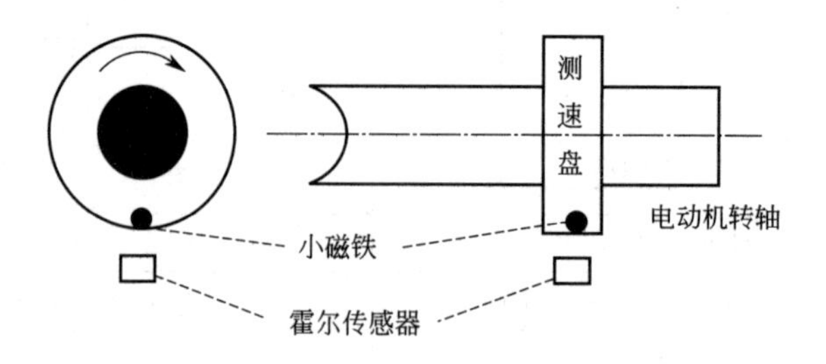

图 6-5　电动机转轴测速机构示意图

（1）控制要求

本任务使用高速计数器测量电动机转轴的转速，测量值存储在转轴转速寄存器 VW100 内，单位为 r/min。当转轴转速低于 500r/min 时，低速指示灯 Q0.0 亮；等于或高于 500r/min 时，高速指示灯 Q0.1 亮。其控制电路如图 6-6 所示。在操作时用按钮 SB1 代替霍尔传感器产生脉冲信号，输出端不连接负载，通过状态表监控 VW100 的数据和通过输出端 LED 指示灯显示控制结果。

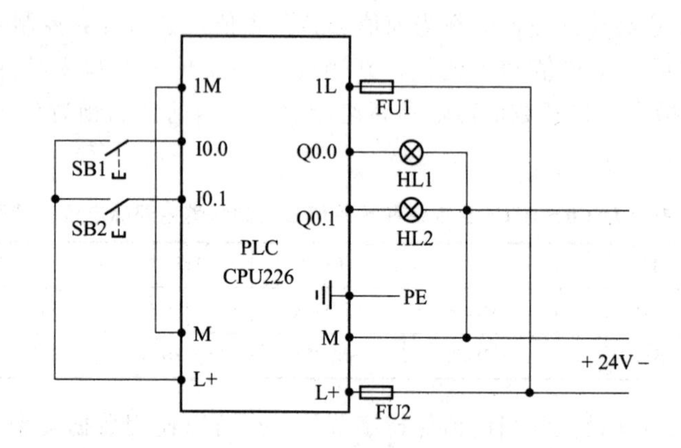

图 6-6　测量电动机转轴转速的电路图

（2）程序设计

因为本任务只要求对脉冲信号计数，所以选择高速计数器 HSC0、工作模式 0，即带有内部方向控制的单相增/减计数器，I0.0 作为脉冲信号输入端。

① 主程序编写。该主程序如图 6-7（a）所示。先使用初始化脉冲 SM0.1 对子程序进行调用，以完成对高速计数器 HSC0 的初始化设置；再利用秒脉冲 SM0.5 将 1s 时间内的当前值 HC0 传送给 AC0，然后将 AC0 乘以 60，即将每秒钟转速值换算为每分钟转速值存储在转速寄存器 VW100 中。下一秒开始时，HSC0 要从 0 开始计数，所以将数据 0 重新写入初始值存储器 SMD38，其他控制参数不变。因为每次重新计数时都要更新初始值，所以将 16#C0 写入控制字节 SMB37，即允许 HSC，最后启动 HSC0。

在主程序中，当转轴转速寄存器 VW100 的数据小于 500 时，Q0.0 得电；当转轴转速寄存器 VW100 的数据等于或大于 500 时，Q0.1 得电。

② 子程序编写。该子程序如图 6-7（b）所示。首先将控制数据 16＃F8 传送到 SMB37，此字节设置为允许 HSC、更新初始值、更新预置值、更新计数方向，增计数器和复位信号高电平有效；然后写入初始值 0 到 SMD38，写入预置值＋5000 到 SMD42（设主轴转速最高不超过 500r/min），设置 HSC0 模式 0，启动 HSC0。由于没有使用中断，全局禁止中断。

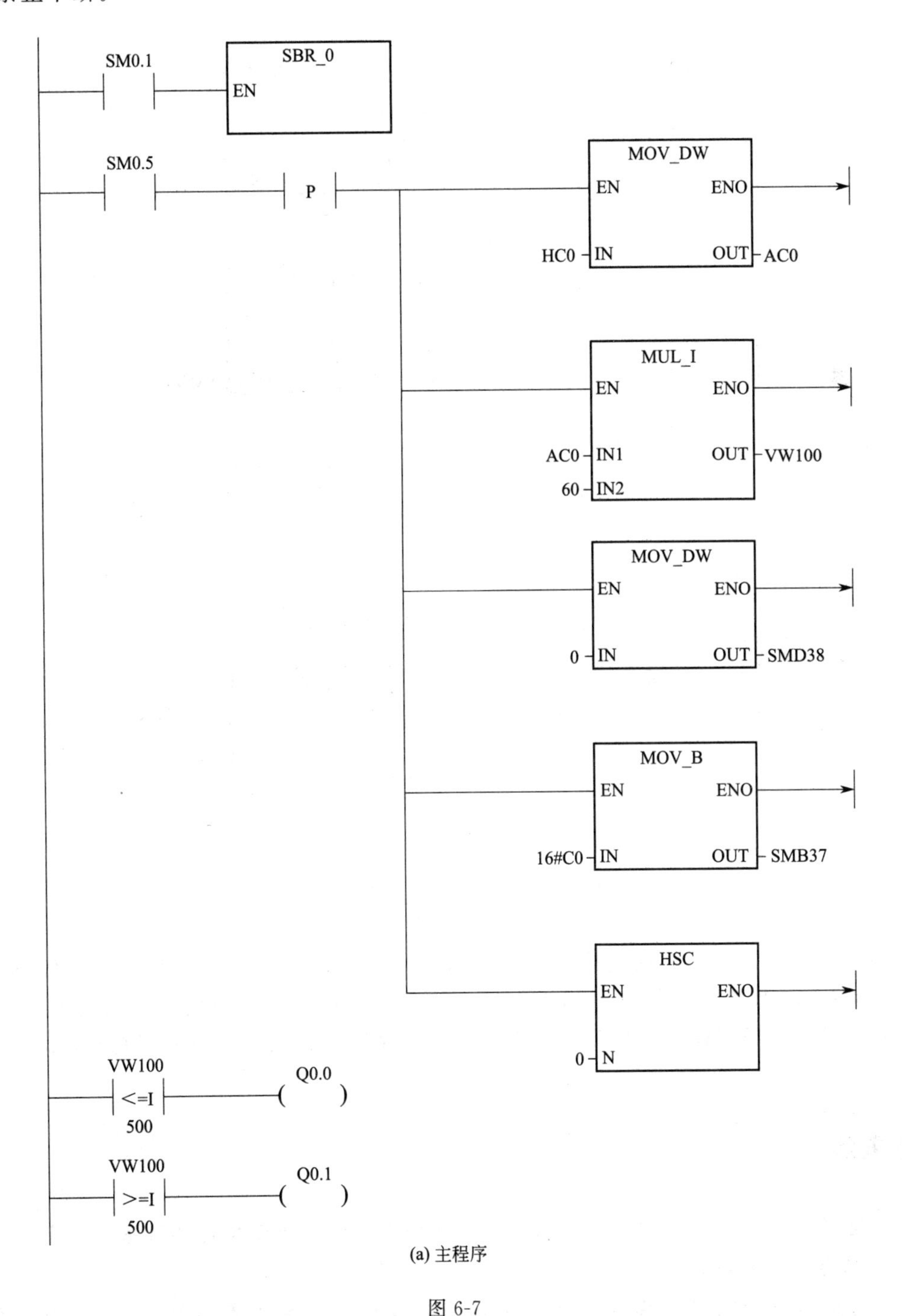

(a) 主程序

图 6-7

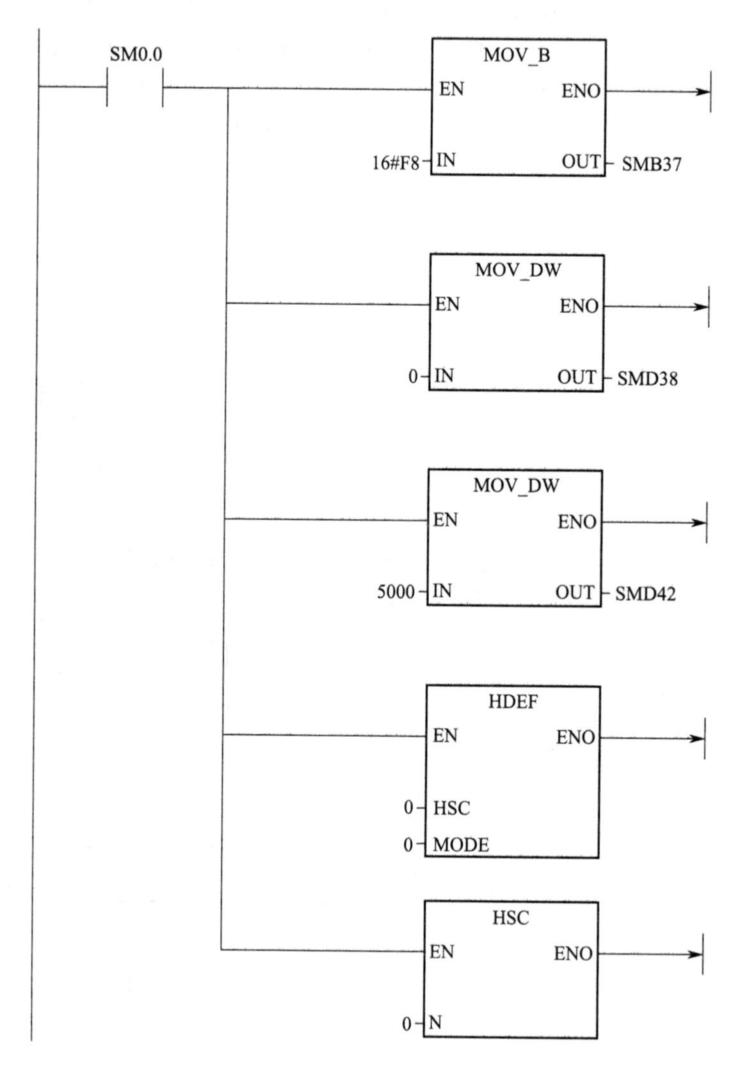

(b) 子程序

图 6-7　使用高速计数器测量电动机转轴转速的程序

③ 测速实验。反复快速地按下、松开按钮 SB1，模拟转轴运转时的霍尔传感器信号，使 VW100 数值开始增加。当 VW100 小于 500 时，表示当前速度为低速，Q0.0 低速指示灯亮；当 VW100 等于或大于 500 时，表示当前速度为高速，Q0.1 高速指示灯亮。

任务拓展 >>

1. 思考：为什么不可以使用计数器 C0～C255 测量生产设备转轴的转速？

2. 编写控制程序训练。

使用高速计数器测量转轴转速，测量值存储在转轴转速寄存器 VW200 内，转轴转速最高不超过 3000r/min。当转轴转速低于 1000r/min 时低速指示灯亮，等于或高于1000r/min但小于2000r/min时中速指示灯亮，等于或高于2000r/min时高速指示灯亮。

二、高速脉冲输出指令

1. 指令格式及使用

（1）脉冲输出（PLS）指令

脉冲输出（PLS）指令功能为：使能有效时，检查用于脉冲输出（Q0.0或Q0.1）的特殊存储器位（SM），然后执行特殊存储器位定义的脉冲操作。其指令格式见表6-11。

表6-11 脉冲输出（PLS）指令格式

LAD	STL	操作数及数据类型
PLS EN ENO ???? Q0.X	PLS Q	Q：常量（0或1） 数据类型 字

（2）用于脉冲输出（Q0.0或Q0.1）的特殊存储器

① 控制字节和参数的特殊存储器。每个PTO/PWM发生器都有一个控制字节（8位）、一个脉冲计数值（无符号的32位数值）和一个周期时间和脉宽值（无符号的16位数值）。这些值都放在特定的特殊存储区（SM），见表6-12。执行PLS指令时，S7-200读取这些特殊存储器位（SM），然后执行特殊存储器位定义的脉冲操作，即对相应的PTO/PWM发生器进行编程。

表6-12 脉冲输出（Q0.0或Q0.1）的特殊存储器

Q0.0和Q0.1对PTO/PWM输出的控制字节		
Q0.0	Q0.1	说明
SM67.0	SM77.0	PTO/PWM刷新周期值：0，不刷新；1，刷新
SM67.1	SM77.1	PWM刷新脉冲宽度值：0，不刷新；1，刷新
SM67.2	SM77.2	PTO刷新脉冲计数值：0，不刷新；1，刷新
SM67.3	SM77.3	PTO/PWM时基选择：0，1μs；1，1ms
SM67.4	SM77.4	PWM更新方法：0，异步更新；1，同步更新
SM67.5	SM77.5	PTO操作：0，单段操作；1，多段操作
SM67.6	SM77.6	PTO/PWM模式选择：0，选择PTO；1，选择PWM
SM67.7	SM77.7	PTO/PWM允许：0，禁止；1，允许
Q0.0和Q0.1对PTO/PWM输出的周期值		
Q0.0	Q0.1	说明
SMW68	SMW78	PTO/PWM周期时间值（范围：2～65535）
Q0.0和Q0.1对PTO/PWM输出的脉宽值		
Q0.0	Q0.1	说明
SMW70	SMW80	PWM脉冲宽度值（范围：0～65535）

续表

Q0.0 和 Q0.1 对 PTO 脉冲输出的计数值		
Q0.0	Q0.1	说明
SMD72	SMD82	PTO 脉冲计数值(范围:1～4294967295)
Q0.0 和 Q0.1 对 PTO 脉冲输出的多段操作		
Q0.0	Q0.1	说明
SMB166	SMB176	段号(仅用于多段 PTO 操作),多段流水线 PTO 运行中的段的编号
SMW168	SMW178	包络表起始位置,用距离 V0 的字节偏移量表示(仅用于多段 PTO 操作)
Q0.0 和 Q0.1 的状态位		
Q0.0	Q0.1	说明
SM66.4	SM76.4	PTO 包络由于增量计算错误异常终止:0,无错;1,异常终止
SM66.5	SM76.5	PTO 包络由于用户命令异常终止:0,无错;1,异常终止
SM66.6	SM76.6	PTO 流水线溢出:0,无溢出;1,溢出
SM66.7	SM76.7	PTO 空闲:0,运行中;1,PTO 空闲

②状态字节的特殊存储器。除了控制信息外，还有用于 PTO 功能的状态位，见表 6-12。程序运行时，根据运行状态使某些位自动置位。可以通过程序来读取相关位的状态，用此状态作为判断条件，实现相应的操作。

(3) 对输出的影响

PTO/PWM 生成器和输出映像寄存器共用 Q0.0 和 Q0.1。在 Q0.0 或 Q0.1 使用 PTO 或 PWM 功能时，PTO/PWM 发生器控制输出，并禁止输出点的正常使用，输出波形不受输出映像寄存器状态、输出强制、执行立即输出指令的影响。在 Q0.0 或 Q0.1 位置没有使用 PTO 或 PWM 功能时，输出映像寄存器控制输出，所以输出映像寄存器决定输出波形的初始和结束状态，即决定脉冲输出波形从高电平或低电平开始和结束，使输出波形有短暂的不连续。为了减小这种不连续的有害影响，应注意：

① 可在启用 PTO 或 PWM 操作之前，将用于 Q0.0 和 Q0.1 的输出映像寄存器设为 0。

② PTO/PWM 输出必须至少有 10%的额定负载，才能完成从关闭至打开以及从打开至关闭的顺利转换，即提供陡直的上升沿和下降沿。

(4) PTO 的使用

PTO 是可以指定脉冲数和周期的占空比为 50%的高速脉冲串的输出。状态字节中的最高位（空闲位）用来指示脉冲串输出是否完成。可在脉冲串完成时启动中断程序，若使用多段操作，则在包络表完成时启动中断程序。

① 周期和脉冲数。周期范围为 50～65535μs 或 2～65535ms，为 16 位无符号数，时基有 μs 和 ms 两种，通过控制字节的第三位选择。注意：

a. 如果周期<2 个时间单位，则周期的默认值为 2 个时间单位。

b. 周期设定奇数微秒或毫秒（例如 75ms），会引起波形失真。

脉冲计数范围为 1～4294967295，为 32 位无符号数，如设定脉冲计数为 0，则系统默认脉冲计数值为 1。

② PTO 的种类及特点。PTO 功能可输出多个脉冲串，现用脉冲串输出完成时，新的脉冲串输出立即开始，这样就保证了输出脉冲串的连续性。PTO 功能允许多个脉冲串排队，

从而形成流水线。流水线分为两种：单段流水线和多段流水线。

单段流水线是指流水线中每次只能存储一个脉冲串的控制参数，初始 PTO 段一旦启动，必须按照对第二个波形的要求立即刷新 SM，并再次执行 PLS 指令，第一个脉冲串完成，第二个波形输出立即开始，重复此步骤可以实现多个脉冲串的输出。

单段流水线中的各段脉冲串可以采用不同的时间基准，但有可能造成脉冲串之间的不平稳过渡，输出多个高速脉冲时，编程复杂。

多段流水线是指在变量存储区 V 建立一个包络表，包络表存放每个脉冲串的参数，执行 PLS 指令时，S7-200 PLC 自动按包络表中的顺序及参数进行脉冲串输出。包络表中每段脉冲串的参数占用 8 个字节，由一个 16 位周期值（2 字节）、一个 16 位周期增量值 Δ（2 字节）和一个 32 位脉冲计数值（4 字节）组成。包络表的格式见表 6-13。

表 6-13　包络表的格式

从包络表起始地址的字节偏移	段	说明
VB_n		段数(1～255)；数值 0 产生非致命错误，无 PTO 输出
VB_{n+1}	段 1	初始周期(2～65535 个时基单位)
VB_{n+3}		每个脉冲的周期增量 Δ(符号整数：－32768～32767 个时基单位)
VB_{n+5}		脉冲数(1～4294967295)
VB_{n+9}	段 2	初始周期(2～65535 个时基单位)
VB_{n+11}		每个脉冲的周期增量 Δ(符号整数：－32768～32767 个时基单位)
VB_{n+13}		脉冲数(1～4294967295)
VB_{n+17}	段 3	初始周期(2～65535 个时基单位)
VB_{n+19}		每个脉冲的周期增量值 Δ(符号整数：－32768～32767 个时基单位)
VB_{n+21}		脉冲数(1～4294967295)

注：周期增量值 Δ 为整数微秒或毫秒。

多段流水线的特点是编程简单，能够通过指定脉冲的数量自动增加或减少周期；周期增量值 Δ 为正值会增加周期，周期增量值 Δ 为负值会减少周期，若 Δ 为零，则周期不变。在包络表中所有的脉冲串必须采用同一时基，在多段流水线执行时，包络表的各段参数不能改变。多段流水线常用于步进电动机的控制。

（5）PWM 的使用

PWM 是脉宽可调的高速脉冲输出，通过控制脉宽和脉冲的周期，实现控制任务。

① 周期和脉宽。周期和脉宽时基为 μs 或 ms，均为 16 位无符号数。

周期的范围为 50～65535μs 或 2～65535ms。若周期小于两个时基，则系统默认为两个时基。

脉宽范围为 0～65535μs 或 0～65535ms。若脉宽不小于周期，占空比为 100%，输出连续接通。若脉宽为 0，占空比为 0%，则输出断开。

② 更新方式。有两种改变 PWM 波形的方法：同步更新和异步更新。

同步更新：不需改变时基时，可以用同步更新。执行同步更新时，波形的变化发生在周期的边缘，形成平滑转换。

异步更新：需要改变 PWM 的时基时，则应使用异步更新。异步更新使高速脉冲输出功能被瞬时禁用，与 PWM 波形不同步，这样可能造成控制设备振动。

常见的 PWM 操作是脉冲宽度不同，但周期保持不变，即不要求时基改变。因此先选择适合于所有周期的时基，尽量使用同步更新。

2. 程序举例

任务：步进电动机的运动控制。

步进电动机是一种将电脉冲转化为角位移的执行机构。当步进驱动器接收到一个脉冲信号后，它就驱动步进电动机按设定的方向转动一个固定的角度（称为“步距角”），其旋转是以固定的角度一步一步运行的。可以通过控制脉冲个数来控制角位移量，从而达到准确定位的目的；同时可以通过控制脉冲频率来控制电动机转动的速度和加速度，从而达到调速的目的。步进电动机不能直接接到工频交流或直流电源上工作，而必须使用专用的步进驱动器，它由脉冲发生控制单元、功率驱动单元、保护单元等组成。功率驱动单元与步进电动机直接耦合。驱动器和步进电动机是一个有机的整体，步进电动机的运行性能是电动机及其驱动器二者配合所反映的综合效果。

（1）控制要求

CPU226 通过步进电动机驱动器 DM432C 控制步进电动机直线运动，具体要求为：按下启动按钮，步进电动机启动慢速向上运行；延时 10s 后，步进电动机快速向下运行；再延时 10s 后，一个运行周期完成，系统会自动重新运行。电动机运行过程中按下停止按钮，步进电动机即停止运行。

（2）硬件接线

① 按图 6-8 连接电路。

I0.0 接按钮 SB1，启动步进电动机。

I0.1 接按钮 SB2，停止步进电动机。

Q0.0，输出高速脉冲信号给步进电动机，驱动电动机运行。

Q0.1，步进电动机的运动方向控制信号。

② 检查接线正确后，接通 PLC 和步进电动机驱动器电源。根据步进电动机驱动器的使用说明，将拨码开关拨到正确的位置。

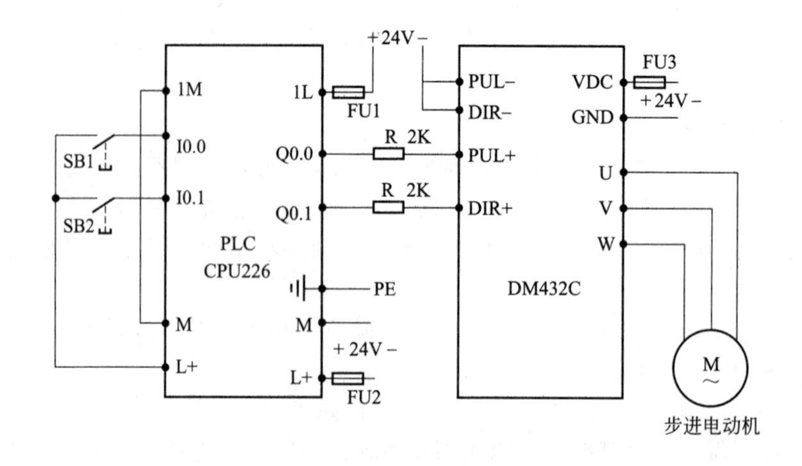

图 6-8 PLC 与步进电动机的运动控制电路

（3）程序设计

PLC 程序应包括以下控制：

① 当按下启动按钮 SB1 时，PLC 的 Q0.0 向步进驱动器发出高速脉冲信号，滑块向某一方向运动。

② 当走完预设的位移量后，PLC 的 Q0.1 向步进驱动器发出反向信号，滑块向相反方向运动。

③ 当按下停止按钮 SB2 时，PLC 的 Q0.0 复位为 OFF，步进电动机停止运行。

④ PLC 程序。设计的程序包括一个主程序、一个子程序和一个中断程序，如图 6-9 所示。

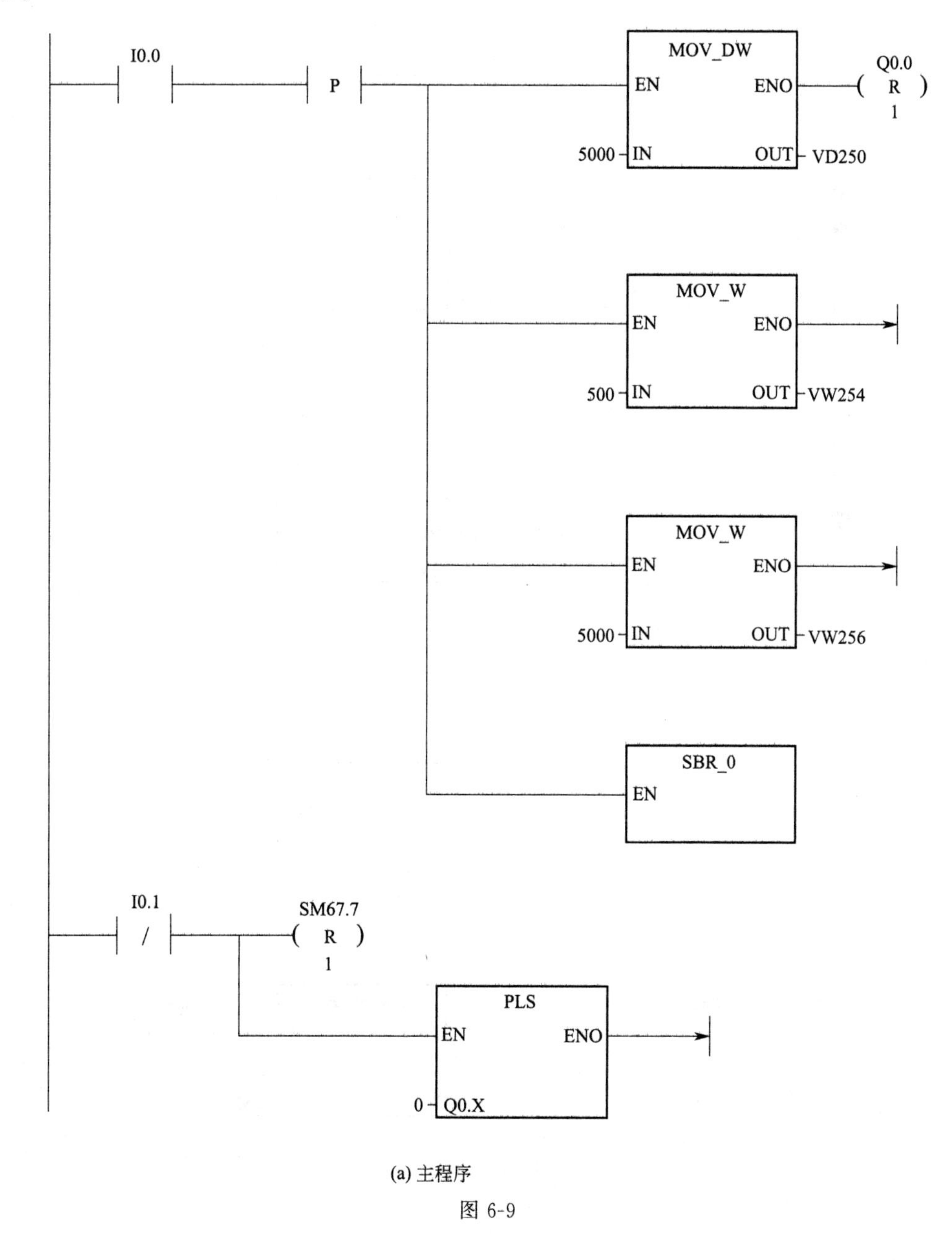

(a) 主程序

图 6-9

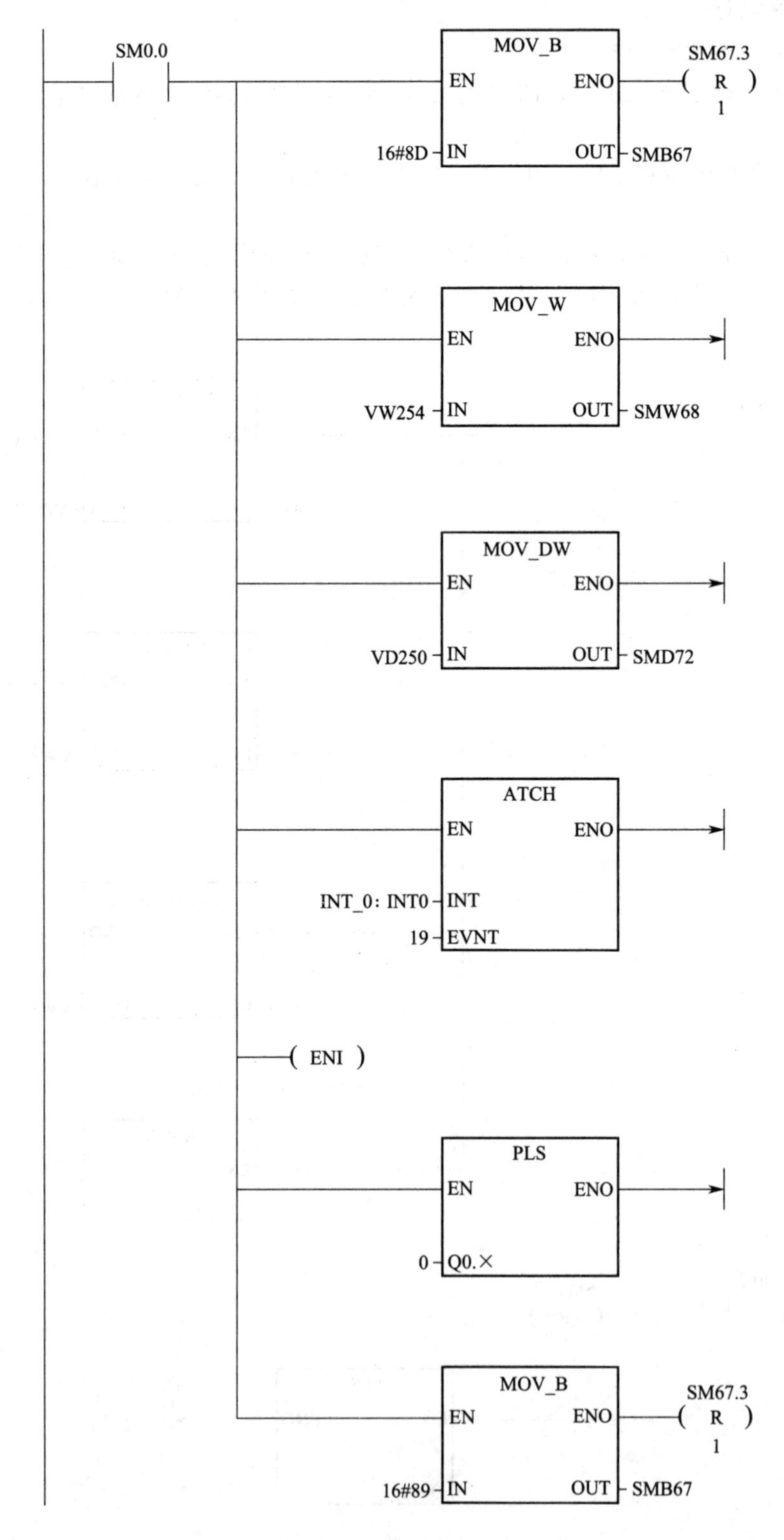
SM0.0
MOV_B
EN
ENO
SM67.3
R
1
16#8D
IN
OUT
SMB67
MOV_W
EN
ENO
VW254
IN
OUT
SMW68
MOV_DW
EN
ENO
VD250
IN
OUT
SMD72
ATCH
EN
ENO
INT_0: INT0
INT
19
EVNT
ENI
PLS
EN
ENO
0
Q0.×
MOV_B
EN
ENO
SM67.3
R
1
16#89
IN
OUT
SMB67

(b) 子程序

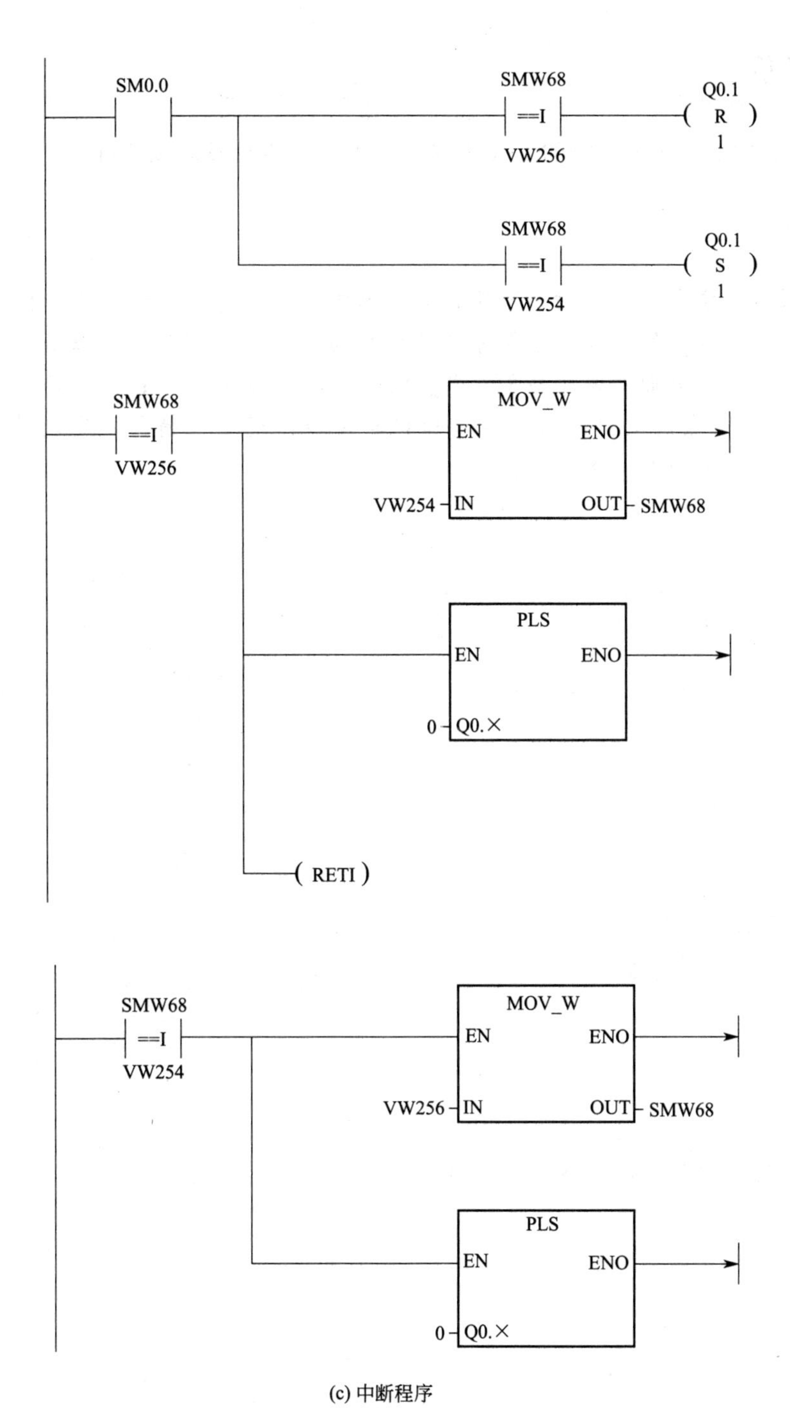

(c) 中断程序

图 6-9　PLC 与步进电动机的运动控制程序

任务拓展 >>

如果 PLC 选择三菱或台达品牌，尝试设计 PLC 与步进电动机 DM432C 组成控制系统，完成装配、编程及调试。

学习成果评价 >>

现场测验：完成步进电动机的PLC控制系统装配、编程及调试运行。

思考讨论 >>

通过本课程的学习，大家由易到难，基本掌握了电气控制系统识图、PLC技术、变频器技术、触摸屏的使用、设备控制系统的装配与调试、维修维护等知识与技能，具备了一线技术人员电气方面的基本技能。“不积跬步，无以至千里；不积小流，无以成江海”，相信同学们从点滴做起，认真学习知识与技能，精益求精，一定能够成为社会的高技能人才，成为未来的大国工匠。

参考文献

[1] 杨宗发. 药物制剂设备 [M]. 2版. 北京：中国医药科技出版社，2017.
[2] 汤晓华，范其明，蒋正炎. 电气控制系统安装与调试（西门子系统）[M]. 北京：高等教育出版社，2018.
[3] 张同苏. 自动化生产线安装与调试（三菱FX系列）[M]. 2版. 北京：中国铁道出版社，2017.
[4] 高安邦，黄志欣，高洪升. 西门子PLC技术完全攻略 [M]. 北京：化学工业出版社，2015.
[5] 朱飞龙. 试论制药机械设计要点分析 [J]. 数码世界，2018，05：498-499.
[6] 陈劲松. 西门子PLC在变频调速电机的应用 [J]. 技术与市场，2019，26（02）：161.